# Deformation Compatibility in Safety Analysis of Civil Engineering

# 土木工程结构变形协调与受力安全

朱汉华　周智辉　范立峰　文　颖　等　著

人民交通出版社

## 内 容 提 要

针对土木工程结构安全问题，作者根据30余年亲身主持工程建设的实践，以问题为导向，参考同类著作，结合对古今中外土木工程4万多个案例的分析，阐述了合理工程结构体系及其力学分析的基本要求——“稳定平衡与变形协调”。其核心是：①如何设计合理的工程结构体系；②如何系统地应用牛顿力学分析解决实际工程中的结构安全问题。

本书在思考力学理论与转变思维方式的基础上，系统地梳理了对土木工程现象统计“相关性”和物理规律“因果性”的认识，对解决“苹果与树叶落地点预测”两类问题思维和方法的认识，对稳定状态与非稳定状态结构工程力学分析方法的认识。同时，结合具体的土木工程案例进行受力安全分析，具有较大的理论意义和工程应用价值。

本书适合从事土木工程结构科研、设计、施工、监理、监督及管理的技术人员和相近专业的研究人员使用，也可供其他关注土木工程安全的人员参考。

**图书在版编目(CIP)数据**

土木工程结构变形协调与受力安全 / 朱汉华等著
. —北京：人民交通出版社，2013.8
ISBN 978-7-114-10820-4

Ⅰ. ①土… Ⅱ. ①朱… Ⅲ. ①土木工程－工程结构－变形协调－研究②土木工程－工程结构－受力性能－研究
Ⅳ. ①TU311

中国版本图书馆CIP数据核字(2013)第177285号

**书　　名**：土木工程结构变形协调与受力安全
**著 作 者**：朱汉华　周智辉　范立峰　文　颖　等
**责任编辑**：曲　乐　周　宇
**出版发行**：人民交通出版社
**地　　址**：(100011)北京市朝阳区安定门外外馆斜街3号
**网　　址**：http://www.ccpress.com.cn
**销售电话**：(010)59757973
**总 经 销**：人民交通出版社发行部
**经　　销**：各地新华书店
**印　　刷**：中国电影出版社印刷厂
**开　　本**：720×960　1/16
**印　　张**：13.5
**字　　数**：235千
**版　　次**：2014年4月　第1版
**印　　次**：2014年4月　第1次印刷
**书　　号**：ISBN 978-7-114-10820-4
**定　　价**：49.00元
(有印刷、装订质量问题的图书由本社负责调换)

# 前　言

随着社会生产力进步，人类社会发展要求统筹区域协调发展和资源的有效配置，需要大力发展山区和跨江及跨海交通，修建大量山岭隧道和跨江海桥梁或隧道。随着城市规模迅速膨胀，需要大力建设城市地下交通网络、地下车库、人防工程、地下商城等，以保障城市的可持续发展。当前，工程结构的规模不断增大，功能要求多样化，新结构形式不断出现，工程建设更多地涉及破碎和软弱围岩、地下水富集区、偏压、环境稳定等问题。伴随复杂的地质问题和复杂的工程环境，确保工程建设安全的难度越来越高，合理把握地下工程设计与施工工法的复杂性和重要性日益增加。据建设运输质量安全事故统计，①各类坍塌事故中死亡人数比例：临时设施与支架坍塌占32.6%；地下工程坍塌占32.6%；基坑开挖与挡墙坍塌占23.9%；道路桥梁等结构坍塌占10.9%。其中，管理不到位、人员违规操作、施工工艺缺陷、恶劣施工环境和设备故障是诱发事故发生的主要原因。②道路病危桥比例：10年内的桥梁占20%；10～20年的桥梁占24%；20～30年的桥梁占20%，与百年大计要求相差较大，使用不当或结构性缺陷或损伤是主要原因。同样，欧美发达国家道路桥梁等结构的结构性缺陷也高达11%，导致许多质量安全事故。例如，建于1173年的意大利比萨斜塔，就是由于地基处理不到位造成的。按照质量安全事故的"冰山理论"，质量安全事故只是冰山一角，质量安全事故背后依然有大量隐患及设计理论问题。我们统计分析了古今中外4万多个土木工程案例，对这些案例做整体考察和集中比较研究后发现：凡是满足变形协调和能量合理转换等条件的工程结构都是安全的；反之都不同程度地存在一些安全风险甚至出现灾害。解决存在的设计理论问题，把土木工程结构受力状态分析提升为土木工程结构受力与变形状态分析，就为解决结构受力安全问题提供了易于使用的有效途径。针对未来发展需求、存在问题，使用有效途径，探索易于应用的工程建设理论和方法，是当前工程建设的现实要求和迫切任务。本书从两方面进行了探索：①在技术层面，提出了"变形协调"和"能量合理转换"作为合理结构体系和工程结构分析的基本要求，用来满足土木工程结构设计的需求，既方便地解决了工程结构受力与变形在保障安全的前提下最大限度发挥“合理边界值”的确定，又可作为“镜子”检验结构体系设计施工的合理性；②在管理和应用层面，强调可操作性和易用性。为了更好地解决科学性和应用性及其结合的问题，既要把握工程结构的安全实质，又要便于基层人员掌握与灵活运用。

通过思考力学理论与转变思维方式，将本书归纳为三个主要方面：①对土木工程现象统计“相关性”和物理规律“因果性”的认识，即把土木工程案例物理现象统计相关性提升为土木工程结构变形协调规律的因果性；②对解决“苹果与树叶落地点预测”两类问题思维和方法的认识，“苹果落地点预测”可用精确分析法，而“树叶落地点预测”方法要采用整体控制与细节把握的方法；③对稳定状态与非稳定状态结构工程力学分析方法的认识，即工程结构力学平衡方程是建立在结构稳定状态基础之上，在工程结构状态欠稳定时，采用辅助措施加以处理。

工程结构安全的关键是把握物理概念与全过程力学状态正确性和措施有效到位，而数值分析和模型试验等是技术分析的支撑。越是复杂的问题，把握物理概念与全过程力学状态正确性和措施有效到位就越重要。由于工程结构有疲劳积累损伤、变形协调、环境条件等影响因素，所以存在稳定平衡、亚稳定平衡和不稳定平衡三种状态。“变形协调”和“能量合理转换”提出了确保土木工程结构安全的控制要求，正确把握“变形协调”和“能量合理转换”可实现结构处于稳定平衡状态。也就是说，为结构安全控制提供了确定“合理边界值”的理论基础，解决了已有设计计算理论中存在的不确定性问题。同时，“变形协调”和“能量合理转换”也是判断合理结构体系和工程结构分析的一面“镜子”，通过比照平衡稳定的理论要求，即“照镜子”，就能客观地判断各施工步的工作合理性，从而明晰工程结构全过程的稳定平衡和不稳定平衡状态。只有工程结构满足了“变形协调”和“能量合理转换”，才能得到工程问题的“较优解”，而不是传统意义上的“可用解”。

把握工程结构安全的关键三要素为：①稳定平衡；②“理论计算与试验分析”相结合；③合理的结构构造措施和施工工艺。把握工程结构基本特性与力学规律是基础，采用合理结构构造措施和施工工艺及完善的施工方案是技术保障，做到整体结构设计分析与结构构造措施及设计工法和实际施工工艺控制等相匹配是基本要求。应真正达到工程结构稳定平衡与变形协调，避免仅基于平衡与破坏理念设计的部分工程结构存在潜在风险。

实现工程结构安全，首先要确保整体周边环境（如地基、围岩、水等）的稳定平衡，其次要确保局部环境与结构的相互作用，不仅满足艺术上的形似平衡，更要从“力、变形、能量”等方面确保系统始终处于稳定平衡状态。“力和能量要有相应物质载体，并具有相应传递或转换途径”，结构“稳定平衡与变形协调”和“能量合理转换”是统一的，变形协调又是力法、位移法与能量法结构分析的必要条件。确保“力、变形、能量”按设计路径传递及方式转化是结构稳定、安全、合理的基本要求，也是保证设计形式不产生安全事故的基础。确保结构的“稳定平衡与变形协调”，不仅需要目标控制，更需要围绕目标实现结构安全合理的过程控制，否则，结构就会不稳定或破坏。随着材料性能、设备性能、分析方法、计算手段、工艺工法等的进步和结构大型化与外部条件复杂化等情况的出现，虽然结构“力、变形、能量”三要素的内涵、属性、过程是不变的，但把握物理概念与过程力学状态的复杂性与难度增加。因此，任何工程结构体系“力、变形、能量”三要素必须同时满足要求，犹如接骨手术中的夹板或石膏固定技术就是保障骨头内生过程中“力、变形”均满足要求，同时耗能最小。根据实际情况，可以选择力法、位移法与能量法来计算结构受力特征；或分别运用“力、变形、能量”中的一个或几个要素更好地控制工程结构行为。一般用“力、能量”定性或定量分析结构行为，用“变形”控制结构行为。需要特别指出的是，结构“力、变形、能量”三要素同时满足要求与计算手段或实现路径之间既有联系，又有区别。在工程实践中，科技人员必须经过反复模拟与试验，做到理念和手段先进、到位，保证结构全过程稳定平衡和安全合理，才能推进大型复杂结构建设进程。

系统地研究变形协调、能量合理转换、环境条件等影响因素是对结构体系力学应用问题的必要补充，它能确保力的合理传递或转移，把结构体系受力安全由单纯的荷载控制转变为荷载与变形协调、能量合理转换、环境条件等影响因素共同控制。研究揭示了复杂工程结构多因素相互耦合的深层次工程力学问题，如变形协调、亚稳定平衡等可能影响结构体系的整体稳定平衡或局部稳定平衡，将便于设计、施工与技术管理人员认知规范尚未涵盖的特殊工程力学问题，清醒地认识复杂工程结构可能存在的质量隐患或安全风险，从而避免工程结构的特殊质量隐患或安全风险，确保工程结构的质量和安全。

本书是在《土木工程结构受力安全问题的思考》的基础上，凝练土木工程结构设计施工经验和教训，总结作者多年的思考而形成，适合研究、设计、施工、管理人员参考使用。部分图片选自网络或其他媒体，特此申明，并致谢意！

除作者外，陈孟冲、姚志坤、金伯军、蒋锦毅等，也为本书的编写和研究作出了重要的贡献，在此一并致谢！

由于作者水平所限，不妥与错谬之处，敬请读者批评指正。

作　者

2013 年 5 月

# 目　录

# 合理结构体系和工程结构分析的基本要求

工程结构安全事故频发的深层次原因是:目前工程结构建设规范只规定了力的关系、力与变形的关系,而没有结构体系变形协调的理念。为满足工程实践要求,应修改现有变形控制不完善的规定,做到“力、变形、能量”三要素同时满足稳定平衡与变形协调、能量合理转换、力合理传递或转移等要求,以确保工程结构安全。要真正充分发挥结构承载力,必须控制结构使其不产生有害变形,保证力与能量的合理传递,形成结构受力平衡与变形协调的承载体系。对于复杂环境与复杂结构,应采用整体控制与细节把握,围绕目标(稳定平衡与变形协调)的过程控制方法来解决结构变形协调和结构设计传力路径与实际传力路径相同问题,确保柔性结构、刚柔组合结构、不良地质环境地下结构等全过程安全。

## 1.1 工程结构“变形协调”和“能量合理转换”理念

土木工程是设计理念和建造技术的综合体现,受功能、艺术、科学、设备、材料和环境等因素的共同影响。当今土木工程无论是功能、规模,还是结构复杂程度,较传统的土木工程均有大幅度提高。因此,基于传统牛顿力学研究连续介质运动规律的分析计算方法也需要进行创新。

从牛顿质点力学到连续介质力学的传统分析方法建立各种介质的力学模型,把各种介质的本构关系用数学形式确定下来,并在给定的初始条件和边界条件下求解问题。这种分析方法的最基本假设是“连续介质假设”,即认为真实的物体可以近似看做是连续的,由充满全空间的质点组成,物质的宏观力学行为依然符合牛顿力学理论。这一假设只能在一定程度上反映现实结构的复杂性。特别是当代土木工程中,系统或各个子系统之间的变形并不一定能满足变形协调和能量合理转换的要求。作者统计分析了 4 万多个古今中外土木工程案例,对比了日本和美国洛杉矶地震中土木工程破坏状况的历史差别,以及 2010 年智利和海地地震中土木工程的破坏状况。与以前建立在逐级考察和不断改进基础上的研究方法不同,作者把这些数据作整体考察,集中比较研究,发现凡是满足变形协调和能量合理转换等条件的土木工程,都是安全的;相反,凡是不满足变形协调和能量合理转换等条件的土木工程,都不同程度地存在一些问题甚至安全风险。

传统力学意义上的“变形协调”通常是指变形连续。而工程结构“变形协调”是指系统和周边环境以及系统内部各个子系统之间的变形必须是协调的,以确保力按合理路径传递或转移,以及系统的能量合理转换。

“能量合理转换”是指通过合理的结构设计,使系统及其子系统内的应变能可以顺利转换,实现自我调节,提高系统及其子系统抵抗损伤积累的能力。

调查统计显示:复合材料结构内部不同材料之间变形不协调,不同材料层之间错动,例如钢筋混凝土内部钢筋与混凝土之间错动等,现已有专门力学方面的研究和结构构造保障措施(如梯度材料)来解决此类问题。而土木工程结构变形协调问题是指结构构造本身与外部荷载适应性是否合理(如路基与软土地基共同作用变形适应性不合理或地下工程围岩与开挖支护共同作用变形适应性不合理等),能否达到结构体系稳定平衡与变形协调的要求。这些结构体系各部件刚度不匹配和结构变形不协调会引起力的不合理传递或转移,从而导致结构体系受力与变形状态不稳定等。目前,学界对这类现象认识还不统一,并且工程结构逐渐损坏或破坏现象较多,又不能有效采用传统力学方法进行分析,只能采用辅助结构构造措施和整体控制与细节把握相结合的办法解决。因此,保障“变形协调”和“能量合理转换”是合理结构体系和工程结构力学分析的基本要求。

通过吸取失败案例的教训和总结成功案例的经验,在土木工程设计过程中,无论是构建合理结构体系,还是工程结构分析,都应该引入整体分析的思路,即在应用传统力学计算时,引入“变形协调”和“能量合理转换”理念,这是确保土木工程稳定平衡和受力安全的一种行之有效的方法。工程结构设计中的“变形协调”与“能量合理转换”是系统联系思维,先用理论力学或材料力学或结构力学等经典力学进行初步估算,宏观把握工程结构内力与变形合理状态,再用有限元等现代力学工具进行精确分析,做到整体控制与细节把握,使得工程结构构造合理。

当今土木工程所面对的问题极其复杂,传统构建合理结构体系和工程结构的分析方法着重于研究子系统内部协调统一,利用“变形协调”和“能量合理转换”理念能够重新梳理和认识传统工程结构分析方法和工法措施的合理性、优点或不足,修正传统或已有工法措施,开发或研究新的合理工法与措施。不同于西医的“细胞解剖”观念,“变形协调”和“能量合理转换”观点着重于从整体上把握,分析整个系统以及子系统之间的力学关系。正如中医的“系统联系”观念,只有在传统的构建合理结构体系和工程结构分析方法的基础上,引入“变形协调”和“能量合理转换”的理念,才能“中西医合并”,解决当今土木工程问题中的各种“疑难杂症”。

## 1.2 工程结构安全状态的三个理论问题

工程结构稳定平衡能够确保结构实际受力与变形状态、结构设计受力、变形状态一致,否则,就会改变结构实际状态力的传递或转移路径,逐渐恶化结构平衡状态稳定性。因此,工程结构安全分析必须面对三个问题:①结构平衡状态转化问题;②分支点稳定问题;③结构变形协调问题。

### 1.2.1 结构平衡状态转化问题

应该明晰“平衡”与“稳定平衡”概念的区别,可以用如图 1.1 所示的简单情

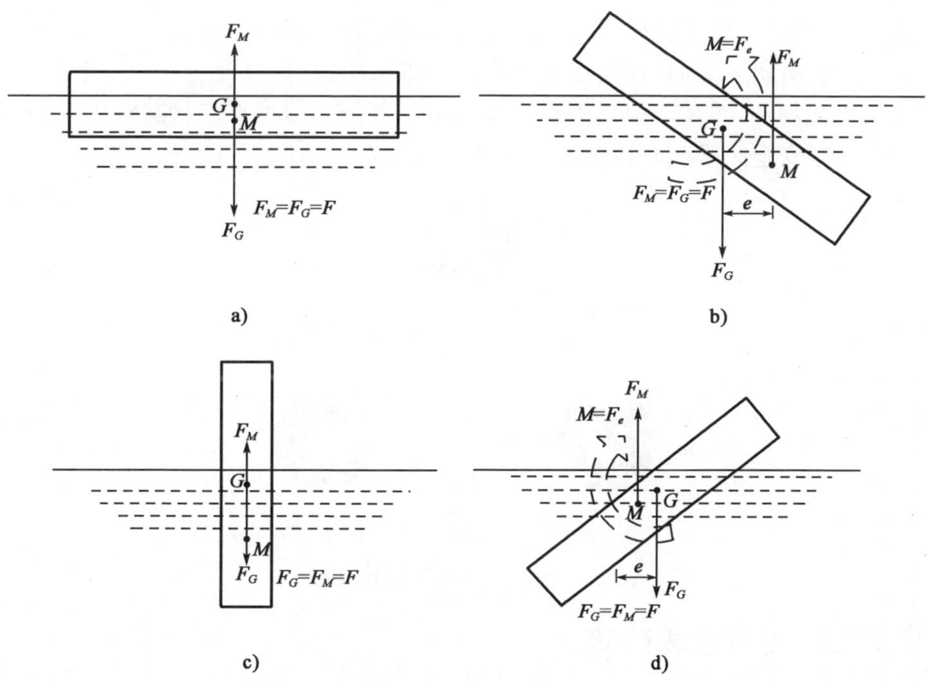


图 1.1 水中木板平衡状态稳定性示意图(状态 1 与状态 3)

a)木板平放初始平衡状态;b)木板平放扰动状态;c)木板侧立初始平衡状态;d)木板侧立扰动状态

况说明:平放的木板处于稳定平衡状态;竖放的木板则处于不稳定平衡状态。任何一个力学系统都存在平衡状态问题。不稳定平衡不能长期实现或存在。通俗地说,经得起扰动的平衡状态是稳定平衡,经不起扰动的平衡状态就是不稳定平衡。

对于图 1.1a)扁平木板平放于水中,在重力 $F_G$ 与浮力 $F_M$ 的作用下处于平衡,受到扰动后,如图 1.1b)所示发生偏转,此时木板在重力与浮力形成的抵抗合力矩 $M$ 的作用下,立即恢复到图 1.1a)的初始平衡状态(称为状态 1);对于图 1.1c)所示木板侧立于水中的平衡状态,该状态理论上是可以实现的(木板在重力 $F_G$ 与浮力 $F_M$ 的作用下处于平衡),一旦受到扰动,木板在重力与浮力形成的倾覆合力矩 $M$ 的作用下,随即发生如图 1.1d)所示的倾覆,木板侧立状态无法稳定地实现或存在(称为状态 3)。以上分析的是刚体平衡体系,其稳定平衡状态(状态 1)与不稳定平衡状态(状态 3)存在明确的分界线。

实际工程结构施工和使用过程中,往往存在从稳定平衡状态逐渐退化为亚稳定平衡状态(称为状态 2)甚至不稳定平衡状态,如图 1.2 退化箭头①所示;反之,不稳定平衡状态也可以通过加固或改造转变成亚稳定平衡状态或稳定平衡状态,亚稳定平衡状态同样可以通过加固或改造转变成稳定平衡状态,如图 1.2 改造箭头②所示。然而,在实际工程设计与施工中,往往容易忽略结构平衡状态转化问题,因此需要在工程结构设计施工中合理把握结构平衡状态转化问题,防范工程结构安全风险问题以及防止工程结构过度改造问题。

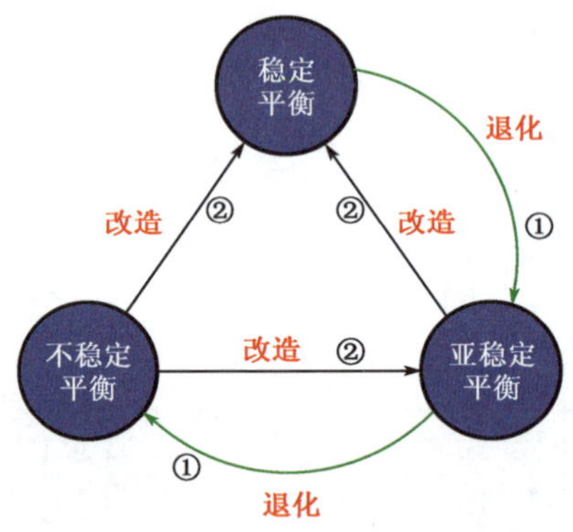


图 1.2　结构平衡状态转化过程示意图

### 1.2.2　分支点稳定问题

实际工程结构考虑积累损伤、变形协调、环境影响等平衡状态稳定性,其稳定平衡状态与不稳定平衡状态的分界线往往比较模糊。在结构施工和使用过程中，往往存在从稳定平衡状态到不稳定平衡状态的亚稳定平衡状态（称为状态2），如图1.3所示。其中，分支点稳定问题在工程设计与施工中往往容易被忽略。例如有些桥梁，积累损伤可能致使桥梁稳定性的极值点稳定问题转变为分支点稳定问题；再如有些地下工程，从地层结构看好像是个极值点稳定问题，但有些支护结构具有明显的脆性破坏特性，可能出现雪崩式连锁破坏，属于明显分支点稳定问题。针对此类问题，即使采用监控量测也很难控制地层—支护结构的整体稳定性，因此，必须引起高度关注。只有改进支护结构措施，把分支点稳定问题转换为极值点稳定问题，才能有效地进行监控量测，并控制地层—支护结构的整体稳定性。

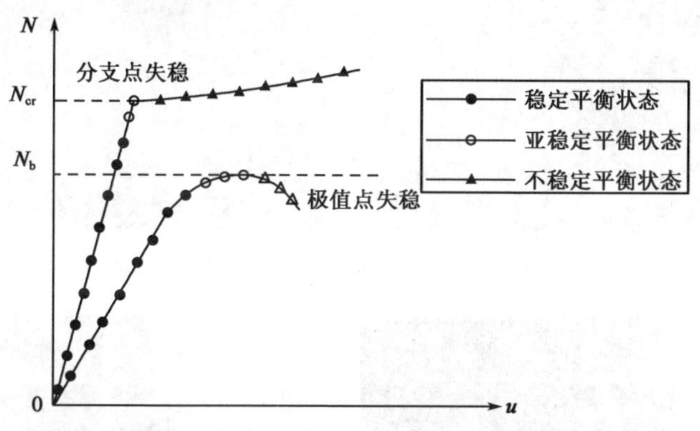


图1.3　工程结构平衡状态稳定性类型图

下面以历史桥梁工程实例说明结构不稳定平衡、亚稳定平衡和稳定平衡的差别。开封县志记载虹桥是用木片做成（图1.4），横向连接较弱。仿清明上河图造的虹桥（无剪刀叉构造）容易晃动，稳定性不足，容易产生积累损伤而慢慢损坏（状态2）。因此，桥梁刚度稍微不足，影响桥梁正常使用（状态2）。而桥梁横向刚度不够，不但影响桥梁正常使用，而且影响结构变形协调，容易引起平衡状态逐渐损失甚至失去稳定，导致桥梁发生失稳破坏（状态3）。

浙江省泰顺仙居桥（图1.5）经过长期台风和山洪考验证明：传统编梁木拱廊桥通过顶与压工艺和榫结构使木结构产生预压应力，现代编梁木拱廊桥应该增加廊桥面内预拉钢筋而产生预压应力，达到结点或面紧密连接（泰顺廊桥传承人董直机先生建议）。通过撑与编工艺使木结构形成竖向、斜向、水平向全方位稳定，多重三角形连接使木结构整体达到三向稳定平衡与变形协调和外力做功能够有效转换为结构弹性应变能，使得编梁木拱廊桥组合结构系统由组合或单件部分受力体转变为整体共同受力体，这样编梁木拱廊桥骨架受力结构与构造形成紧密连接的稳定体系，始终维持稳定平衡与变形协调和外力做功能够有效转换为结构弹性应变能以及保持原始内力变形状态，从而使木结构承受压弯性的能力达到极致（状态1），在力学原理、施工工艺、结构与构造体系、材料选择等几个方面值得现代土木工程学习与借鉴。

图1.4　开封县志记载虹桥绘画图（1000～1100年）

a)

b)

图1.5　浙江省泰顺仙居桥（竣工于1673年）

### 1.2.3　结构变形协调问题

通过图1.6所示实例，可以直观地理解变形协调对结构平衡状态稳定性的影响。图1.6中的重物 $W$ 由 $n$ 根绳子悬挂，绳子作用力 $P_1$、$P_2$、$\cdots P_n$ 与自重 $W$ 共同作用处于平衡状态。该平衡状态因为绳索作用力 $P_i$ 和重物 $W$ 共同作用的变形协调关系不同，其平衡稳定状态也不相同，具体表现为：

(1)当 $W$ 受静载荷作用时,$P_1$、$P_2$、$\cdots P_n$ 与 $W$ 共同作用处于平衡状态;当 $P_1$、$P_2$、$\cdots P_n$ 都在各自强度允许范围内时,系统处于稳定平衡。当出现某个 $P_i$ 超过极限而破坏时,剩余 $n-1$ 根绳索的受力状态会重新分配。在内力重分布过程中,可能出现两种情况:若内力能够合理转移,剩余 $n-1$ 根绳索受力仍处于强度范围内,系统将再次平衡;若系统结构设计不当,系统内力不能合理转移,将导致剩余 $n-1$ 根绳索内力再次超过强度范围而引起断裂。该过程重复出现将引起连锁反应而使系统整体失稳。从能量传递角度看,上述现象可以解释为:由于重物 $W$ 的作用,每根绳子内积聚的应变能为 $U_i$($i=1$、$2$、$\cdots n$),此时结构处于稳定平衡。如某个绳子内部储存能量 $U_i$ 已达到其吸能极限而出现断裂,则 $U_i$ 完全释放。由于系统总体能量不变,则结构变形能将重新分配,可能出现两种情况:若能量能够合理传递,剩余 $n-1$ 根绳索能有效吸收所有变形能,系统将再次平衡;若结构设计不当,外力做功将再次突破结构储能极限,导致剩余 $n-1$ 根绳索断裂,引起连锁反应而使系统整体失稳。

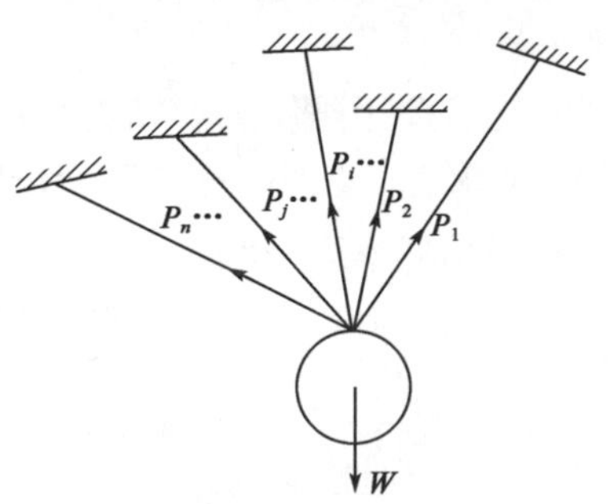

图 1.6 多根绳子悬挂下的稳定平衡与变形协调关系示意图

(2)当 $W$ 受到扰动时,$W$ 将偏离原始位置,因而 $P_1$、$P_2$、$\cdots P_n$ 的大小将重新分布,只有当 $P_1$、$P_2$、$\cdots P_n$ 变形协调(即 $P_1$、$P_2$、$\cdots P_n$ 之间的内力能够合理转移),且都在强度允许范围内时,就处于稳定平衡与变形协调,系统才能恢复到原始的位置;否则,当结构设计不合理时,系统内部受力不能合理转移,$P_1$、$P_2$、$\cdots P_n$ 的重新分布可能会造成某根绳子作用力 $P_i$ 超过极限而破坏,甚至引起连锁反应而出现系统整体失稳。从能量分析角度则更好理解:外界对重物 $W$ 的扰动将给结构输入一定的能量,只有当结构变形协调(即总体变形能在每根绳子之间能够合理传递),且考虑空气和结构内部耗能机制(如阻尼、摩擦等),系统才能恢复到原始的位置;否则,当结构设计不合理时,系统内部能量不能合理传递,$U_1$、$U_2$、$\cdots U_n$ 的重新分布可能会造成某个绳子无法吸收应有的能量而破坏,甚至引起连锁反应而出现系统整体失稳。

(3)当 $W$ 受动荷载作用时,$P_1$、$P_2$、$\cdots P_n$ 与 $W$ 共同作用的稳定平衡与变形协调状态更加复杂,$P_1$、$P_2$、$\cdots P_n$ 受力不均匀性更加明显,此时问题变得更加复杂,因为结构输入能量的大小随着外部动荷载作用形式的变化而变化,考虑空气和结构内部耗能机制(如阻尼、摩擦等),结构体系在振动过程中也会消耗一部分能量。当结构变形协调,通过外力做功输入到结构体系的能量与系统耗散的能量处于动态平衡过程,系统不会出现能量不断积聚过程。当结构设计不合理,变形不协调时,通过外力做功输入到结构体系的能量总体上大于系统耗散的能量,系统能量不断积聚,导致发散的系统振动,最终出现能量在结构薄弱环节积聚而导致局部破坏,甚至引起连锁反应而出现系统整体动力失稳。

可见,合理结构构造措施等控制系统共同作用的稳定平衡与变形协调更加重要。实际工程中,斜拉桥拉索抗拉不抗压,地下工程岩石节理面抗压不抗拉与上述实例类似。因此,在实际工程中控制系统共同作用的稳定平衡与变形协调非常重要。

为了便于理解工程结构平衡、稳定平衡以及稳定平衡与变形协调三个概念的内在联系,特将这三个概念对应的工程结构受力分析问题以及理论适用条件归纳总结如表 1.1 所示。

**变形协调与结构平衡状态的关系** 表 1.1

| 内容<br>状态 | 工程结构受力分析 | 适用条件 |
|---|---|---|
| ①平衡 | 一般情况考虑工程结构受力平衡问题 | 隐含或自然满足,否则强制满足工程结构平衡状态的稳定性和变形协调 |
| ②稳定平衡 | 在①工程结构受力平衡问题基础上,还需要考虑工程结构平衡状态的稳定性 | 隐含或自然满足,否则强制满足变形协调 |
| ③稳定平衡与变形协调 | 在②工程结构受力稳定平衡问题基础上,还需要考虑工程结构的变形协调 | 构建合理结构体系和合理工法或工艺以及有效过程控制措施等,确保力的合理传递或转移路径等 |

犹如健康成年人,在受到外部扰动的时候,能够通过改变姿势等方式进行自我调节而不会摔倒,这与工程结构力学平衡方程是建立在结构稳定状态基础之上相对应;相反,婴幼儿、受伤或有缺陷成年人、老年人在受到外部扰动时,很容易摔倒,需要通过背袋、轮椅、拐杖、牵或扶等辅助措施来保持受力与变形状态稳定性。同样与在工程结构状态欠稳定时,只有采用辅助措施来保持结构受力与变形状态的稳定性,才能确保建立工程结构力学平衡方程的前提条件成立(结构处于稳定平衡状态)。表面上,它们的物理结构没有差异性,真正差别就是结构受力与变形状态的稳定性不同。

实际工程结构设计施工,应该根据工程结构体系平衡状态稳定性不同,分别采用平衡、稳定平衡、稳定平衡与变形协调进行分析。一般情况(对应类似“苹果落地点预测”等相对简单成熟工程问题)可考虑采用理论计算分析;特殊情况

(对应类似“树叶落地点预测”等相对复杂的新型工程问题)不仅需要采用理论计算分析,更需要考虑合理结构体系、合理工法、合适支护、过程控制等相结合的综合方法,才能真正达到“稳定平衡与变形协调”,防止工程结构中力和能量的不合理传递或转移和集中于薄弱部位或环节的现象(类似最小耗能原理——即导致物体破坏的力或能量,总是聚集在物体的薄弱部位)。

## 1.3 控制工程结构受力安全的两个层次力学关系

从总体上看,工程结构构造与受力变形能量相关性的实际应用,合理的工程结构应从以下两个层次加以把握控制:①要符合力学稳定平衡、力与变形关系、强度理论等基础理论;②要综合考虑变形协调、能量合理转换、环境条件等因素的影响。力学稳定平衡是工程结构要实现的目标,满足变形协调并且不产生有害变形是结构稳定的基础,采取合理的结构措施与全过程控制手段保障结构变形协调、能量合理转换、控制环境影响是实现结构体系全过程稳定的必要条件。例如,鬼斧神工山西悬空寺(至今1500多年)千年不倒之谜,得益于合理的力学结构和良好地利用了建筑环境。传统结构系统对层次①、层次②的专门问题应用进行了研究。分析计算中总是假定结构体系力学平衡状态是不变的。对于复杂结构应该系统研究层次①、层次②以及层次②对层次①的影响。当变形不协调以及结构使用环境发生不利的改变时,结构体系力的传递或转移路径会发生改变,使得实际受力(内力)变形状态与原始设计状态不一致。其力学平衡状态在实际施工和使用过程中是变化的,只有采用合理的结构和有效的过程控制,保障结构体系变形协调、能量合理转换、环境条件等影响,才能确保结构体系始终处于稳定平衡状态。例如,建于1173年的意大利比萨斜塔,由于地基不均匀变形,塔身慢慢出现倾斜,经过多次修复后才逐渐得到控制。《揭开现代建筑的神话》([英]Malcolm Millais著,赵雪译)一书中指出,工业革命初期的德国、日本、智利等国家,工程结构也存在许多安全风险,逐步修改了不合理结构构造,才达到现在的安全水平,目前发展中国家工程建设似乎正在重现发达国家的历史过程。在计算机得到推广应用以前,人们分析结构力学问题着重从物理概念出发,虽然精度较差,但能做到整体控制。而在计算机数值分析技术广泛应用于结构力学问题分析阶段,商业软件有好的人机交互界面,人们往往忽视物理概念,着重从数值计算手段出发解决问题,计算精度虽然提高了,但模型是否全面反映了原型的实际情况,有时却被忽视了,其结果可能会出现整体控制偏差,导致工程结构出现安全问题。就像材料力学与土力学研究方法相似,但材料组成不同,对水影响的敏感性完全不同,两者的研究和实际结果相差很大;前者可用定量分析方法解决,后者应该用系统论的从定性到定量综合集成方法解决。目前的许多设计计算分析由于缺少宏观定性判断和统计数据分析,只用经典力学很难分析和防治现有复杂结构病害,只有应用系统论的从定性到定量综合集成方法,才能更好地解决复杂结构力学问题。

## 1.4 工程结构稳定平衡的实现方式

工程结构的三种平衡状态(稳定平衡——状态1、亚稳定平衡——状态2、不稳定平衡——状态3)与两个层次(层次①、层次②)表现为:

(1)一般情况下,状态2容易受到层次②(包括疲劳因素)影响,从而导致工程结构不能正常使用甚至失效(状态3)。

(2)特殊情况下,状态1也会受到层次②(包括疲劳因素)影响,可能使得状态1逐渐转化为状态2,如果没有及时修复或控制,可能会恶化为状态3;实际工程结构设计中应予以重视。

在工程实践过程中,不同工程结构满足两个层次的形式并不相同,具体表现为以下三个方面:

第一方面:对于简单问题,层次②认定已解决或自然满足(对应类似“苹果落地点预测”等相对简单成熟的工程问题);而对于复杂问题,层次②不一定满足或难于解决(对应类似“树叶落地点预测”等相对复杂的新型工程问题)。

第二方面:构件之间或非均匀构件内部或组合变形不协调问题,可能会产生两种现象:一是能量不能合理转换或加剧疲劳损伤;二是力不能合理传递或转移。可能导致两种结果:一是在重复荷载作用下会加速结构或构件积累损伤过程,甚至引起结构或构件破坏;二是工程结构受力全过程存在安全隐患甚至引起结构或构件破坏或破坏前变形出现突变过程的类似结构分支点失稳破坏形式,这种破坏形态往往难以监控预警。

第三方面:一是传统解决办法,层次①(认定层次②自然满足,只适用于类似“苹果落地点预测”等相对简单成熟的工程问题);二是改进综合解决办法,层次①+层次②,特别是柔性结构、刚柔组合结构、不良地质环境地下结构等,采用整体控制与细节把握,围绕目标(稳定平衡与变形协调)的过程控制(积累损伤、力的合理传递或转移路径等)方法解决结构变形协调问题,把类似“树叶落地点预测”等相对复杂的新型工程问题,转变为类似“苹果落地点预测”相对简单成熟的工程问题,才能简单有效地利用传统解决方法去解决类似“树叶落地点预测”相对复杂、新型的工程问题。

系统论述变形协调、能量合理转换、环境条件等影响相关理论、方法和保障措施，是对传统的、以力的平衡为基础的设计理论的有益补充。它保障力的合理传递或转移，把结构体系受力安全单纯由荷载控制转变为荷载与变形协调、能量合理转换、环境条件等影响因素共同控制，实现“稳定平衡与变形协调”是保障桥隧工程结构受力安全的基本要求。

根据受力结构中力、变形、能量三者的统一性，要确保工程结构体系始终处于稳定平衡与变形协调状态，保障工程结构安全可靠，工程结构设计施工全过程中就必须认真研究工程结构中力、变形、能量等是否同时满足稳定平衡与变形协调，而不能只考虑工程结构中力、变形、能量等中的单一因素，否则就不是真正稳定平衡与变形协调状态。因此，工程结构设计施工全过程中就必须认真研究工程结构的三种状态与两个层次以及相互耦合的深层次工程力学问题，认知和解决规范尚未涵盖的特殊工程力学问题，才能真正做好复杂工程结构设计施工管理，确保工程结构质量和安全。

# 2 基于自然法则与最小耗能原理研判工程结构的平衡稳定性

## 2.1 自然法则在工程结构受力行为中的表现形式

作者近10年统计分析了约4万张古今中外成功或失效的工程结构照片和某地区约10年桥梁加固改造资料,得出如下结论:“综合把握施工工法与工程结构构造合理和材料特性与环境条件,达到整体共同受力与变形协调以及防止出现薄弱部位或环节”是结构体系处于稳定平衡的基本保障;可以预防“力和能量的不合理传递或转移和集中”对结构体系稳定平衡的不利影响。同时,作者近年来统计分析浙闽地区(特别是泰顺县)的廊桥结构力学特性,发现只有编木廊桥适应各种环境而存在,而其他形式古代廊桥仅在良好环境下个别存在,这一现象与上述结论惊人相似,也与合理工程结构应把握的两个层次关系:①要符合力学稳定平衡、力与变形关系、强度理论等基础理论;②要综合考虑变形协调、能量合理转换、环境条件等因素影响的结论相吻合,说明土木工程结构满足力学稳定平衡条件是相同的。这样在工程实践中采用“力、变形、能量”三要素来判别工程结构是否稳定平衡就非常简单方便。

分析和解决工程问题,关键要从物理概念出发,参考《最小耗能原理及其应用》(周筑宝、唐松花著)、《土木工程结构受力安全问题的思考》(朱汉华、周智辉等著)、《地下工程平衡稳定理论与应用》(朱汉华、赵宇、孙红月等著)可知:水流对自然地貌的侵蚀,始终遵循“欺软怕硬”的“省力”方式进行,这样水流侵蚀地貌时,水流破坏力或能量转移或集中作用于薄弱部位,使得外力或耗能最小;同样导致物体破坏的力或能量总是聚集在物体的薄弱部位(如裂纹、尖端、孔洞、缺陷等),即真实耗能最小的破坏方式,出现应力集中和有些金属在薄弱部位容易锈蚀等奇妙现象,使得外力或耗能最小,这些都是“自然法则”的具体表现。另外,最小能量原理适用于稳定平衡状态,而最小耗能原理适用于任何瞬时状态。“最小能量原理”与“最小耗能原理”解决工程问题的思路类似,都遵循

“自然法则”。其中,“最小耗能原理”可简述为“物质系统的任何瞬时状态耗能过程,都是以最小耗能的方式进行,其中耗能是指具有方向性即不可逆的能量转换或传输”。“最小耗能原理”以分析能量为手段,用简单的方法直观地了解结构或材料的破坏机理,是“自然法则”在力学中的再现,就像水总是往低处流的道理一样,简洁明了。总之,任何材料或结构的破坏过程都是一个消耗能量的过程,只有当促使其破坏的能量积累到一定程度(即达到临界值)时,相应的破坏耗能现象才会发生。当系统平衡状态处于不稳定或是亚稳定平衡状态时,运用最小耗能原理可以预测系统平衡状态的薄弱部位或环节,可在设计施工维护等全过程避免物体平衡状态的薄弱部位或环节,方便进行过程控制,使系统最终处于稳定平衡状态。

另一方面,结构中储存的能量与力和变形成正比,控制变形就是控制能量。这样,在工程结构全过程应用中提出的“变形协调”、“力合理传递或转移”、“能量合理转换”、“基本维持围岩的原始状态”、“稳定平衡与变形协调”互补等和“最小耗能原理”概念是统一的。合理结构构造和结构整体共同受力等是工程结构“稳定平衡与变形协调”互补的必要条件,也是预防工程结构以最小耗能的方式进行损伤直至破坏以及进行过程控制、符合“最小耗能原理”的必要条件。也就是说,工程结构变形不协调、力不能合理传递或转移、功能不能合理转换、围岩不能基本维持原始状态等理念与工程结构以最小耗能的方式进行损伤直至破坏以及进行过程控制的理念是相同的,这样在工程实践中采用“力、变形、能量”三要素来判别结构构造合理性和结构是否整体共同受力与变形协调以及防止结构构造的薄弱部位或环节就非常简单方便。只要综合把握工程结构构造合理和整体共同受力与变形协调以及防止出现薄弱部位或环节,进行目标控制和过程控制,就能满足工程结构的“稳定平衡与变形协调”,确保安全。例如,唐朝以来的中国古建筑就是“综合把握施工工法与工程结构构造合理和材料特性与环境条件,达到整体共同受力与变形协调以及防止出现薄弱部位或环节”的典范,特别是宋朝颁布的《营造法式》标准更是便于传承;对比历史上有些工程结构早期损坏或破坏,则正好相反。又如佛经中“色不异空,空不异色;色即是空,空即是色”,其中色为物质,空为非物质(能量、信息),与现代物理学理论是一致的,即物质与能量和信息可以相互转换。人类在不同的时期,针对不同的对象,用不同的语言,讲述同一个道理;其实不同生命体也用不同方式阐明同样的道理,如蜜蜂搭建蜂窝,人类建造复杂的建筑,这些都是对自然法则的运用。

## 2.2 基于最小耗能原理的工程结构稳定性实例分析

基于最小耗能原理初步研判以下几个工程实例的平衡稳定性。

**【实例2.1】** 某水利工程输水管道力学分析揭示了“最小耗能原理”概念。

某水利工程输水管道结构及受力状态见图2.1。针对该结构,传统分析方法为:最小截面③应力等于平面分析①应力+平面分析②应力/2。周筑宝教授质疑传统分析方法的结果,亲自做最小截面③应力分析的光弹实验。实验表明:最小截面③应力远大于传统分析方法的结果;而接近截面③作为受弯梁分析的结果。这两种结果差异是促使周筑宝教授揭示“最小耗能原理”概念的原因之一。

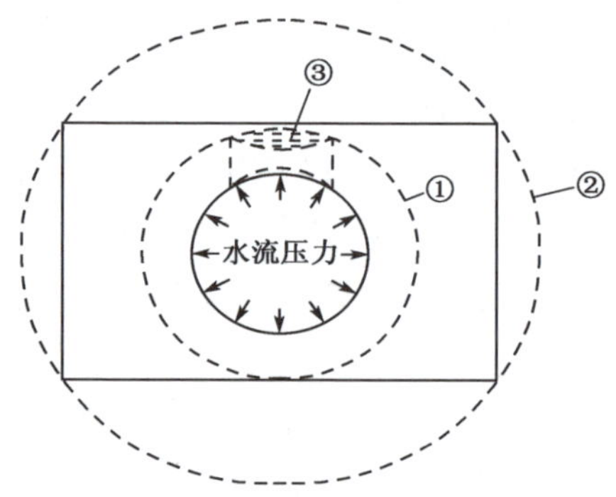


图2.1 某水利工程输水管道结构及力学分析示意图

**【实例2.2】** 以最小耗能的方式进行损伤直至破坏的不合理结构——高架桥震塌和集贤亭倒塌与梧桐树怕强风类似(图2.2),山西应县木塔和秦岭旗树及也门索科特拉岛伞树稳固性的启示。

a)

b)

c)

d)

图2.2 高架桥震塌和集贤亭倒塌与梧桐树怕强风类似

2008 年汶川地震，许多高架桥梁发生横向震塌，主要原因是震级太高——8.7 地震级，还有高架桥梁结构不是很合理，即桥墩细而高且桥面重，对抗震很不利。

集贤亭于 2012 年 9 月 12 日在一场突如其来的暴风雨中轰然倒塌，事发时正是大风大雨天气，现场一目击者介绍，亭子的四个柱子突然断掉，然后整个亭子倒入湖中，当时有 4 人及时逃离，未发生意外。显然集贤亭头重脚轻，木柱子强度又不足，肯定怕强风。而中国古建筑山西应县木塔就是“综合把握施工工法与工程结构构造合理和材料特性与环境条件，达到整体共同受力与变形协调以及防止出现薄弱部位或环节”的典范，抗震、抗风性能均良好。

而梧桐树高大魁梧，树干无节，向上直升，高擎着翡翠般的碧绿巨伞，气势昂扬，但是头重脚轻。

也门索科特拉岛最著名的是恐龙血树，以粗壮的树干为中心，扭曲的枝条呈现出伞状，树冠上生长着掌状的树叶。秦岭地区山顶树枝叶如一面小旗，据说是由西北风的缘故所致(图 2.3)。对比山西应县木塔和秦岭旗树及也门索科特拉岛伞树的稳固性，可以得出工程结构抗震、抗风等的许多启示——增加稳固性和减少抗风面。

a)

b)

c)

图 2.3　山西应县木塔和秦岭旗树及也门索科特拉岛伞树稳固性

**【实例 2.3】**　竹子容易冰冻破坏；桥梁伸缩缝、连接部位是桥梁结构的薄弱部位或环节，容易损坏甚至破坏，见图 2.4。

**【实例 2.4】**　用“最小耗能原理”可方便判别箱梁支座布置方式的受力优劣。高铁箱梁支座位于腹板，对于荷载传递是有利的；许多公路箱梁支座位于底板，支座附近底板成为结构的薄弱环节，容易出现应力集中，对受力不利，见图 2.5。

a)　　b)

图 2.4　竹子及桥梁结构的薄弱部位或环节

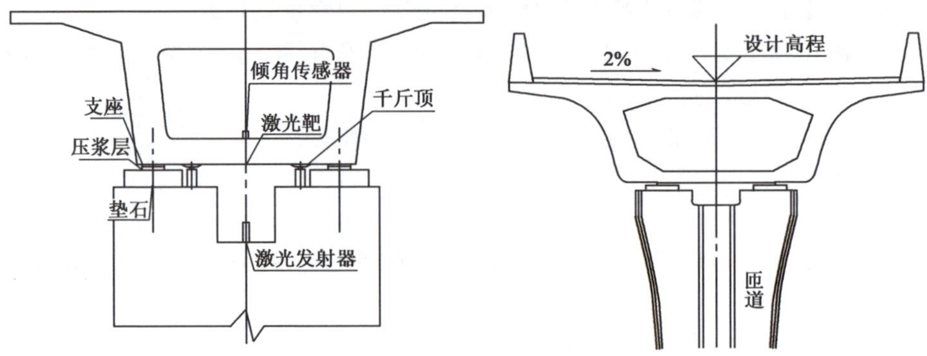


图 2.5　高铁、一般公路箱梁支座布置方式的受力比较

a)高铁箱梁支座安装布置示意图(支座位于腹板,有利受力);b)一般公路箱梁支座安装布置示意图(支座位于底板,不利受力)

**【实例 2.5】** 剖析某些高架桥梁的横向倾覆性质——类似水桶短板效应。

某些高架桥梁分别为独柱墩和两支座靠近中央近似独柱墩受力,这类高架桥梁横向倾覆相对于竖向弯曲开裂甚至破坏往往更为容易,高架桥梁横向倾覆是所有平衡状态的薄弱环节,其中边缘支座是薄弱部位,见图 2.6。虽然这类高

a)　　b)

图 2.6　某高架桥梁倾覆照片

架桥梁横向倾覆时,结构基本完好,各项检验指标均满足规范要求,但是桥梁倾覆危害程度高,稳定安全系数反而低,设计和管理部门应该谨慎对待!其中破坏最严重的是盖梁,上述现象验证了自然法则和力学与能量传递规律(力和能量的不合理传递或转移和集中于薄弱部位或环节——盖梁或与支座和垫层等结合部)。

## 2.3 用最小耗能原理分析桥梁倾覆破坏形态

公路相关规范规定的桥梁抗倾覆安全系数与其他承载力计算对应的安全度并未很好地联系起来,这样桥梁抗倾覆安全度与桥梁抗弯、抗剪等安全度相差较大,致使桥梁整体状态安全度不一致。如图2.7所示,某桥在汽车偏载作用下,偏载作用侧支座反力急剧增大,在桥梁发生倾覆之前,可能导致支座混凝土早已被压坏,此时规定再大的桥梁抗倾覆安全系数也于事无补。

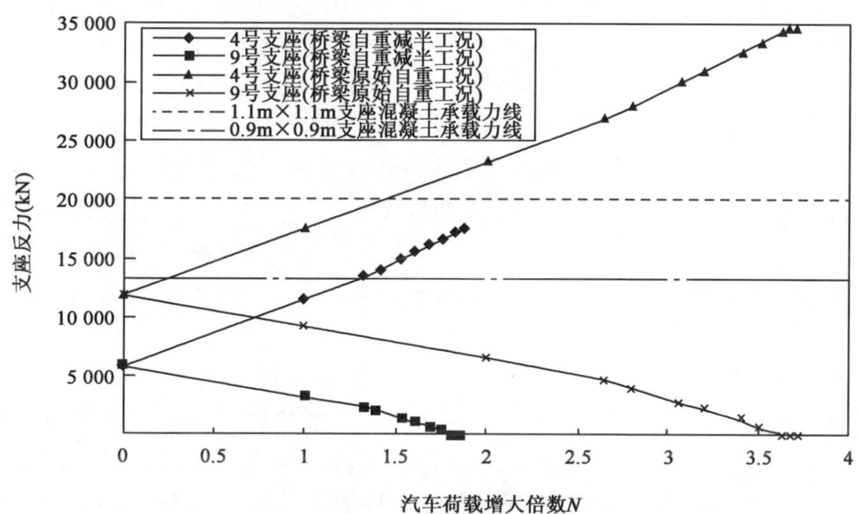


图2.7 某公路桥(不同桥梁自重下)支座反力随汽车荷载增大倍数的变化关系

以某高架桥不连续梁为例,计算桥梁自重 + $N$ 倍自定义车辆荷载(55t 车辆荷载,车队纵向相邻车辆的前后轮轮距为3.2m,相邻车辆相应的车距为1.0m,布置外侧两个车道,共16辆)作用下支座受力情况。不断增大汽车荷载倍数 $N$,直到桥梁倾覆的临界状态(即倾覆轴线一侧所有支座出现脱空)为止,分析支座反力随着偏载程度加大的变化情况。在桥梁原始自重与自重减半情况下,反力增大或反力减少的支座受力随汽车增大倍数 $N$ 的变化关系见图2.7。随着汽车荷载偏载增大,支座受力出现明显的力的不合理转移,偏载作用一侧支座压力明显增大，远离偏载作用一侧支座由受压转变为支座脱空。在此过程中，支座脱空、受压破坏、整体倾覆以及盖梁破坏等成为可能的结构破坏薄弱环节。根据自然法则和最小耗能原理，促使结构破坏的能量在以上薄弱环节集中，最终可能导致最薄弱环节发生破坏。这里强调支座开始出现脱空只是桥梁整体倾覆前的一种平衡状态，而桥梁倾覆失稳临界状态是倾覆轴线以外所有支座均脱空，仅开始出现支座脱空不能反映桥梁倾覆的失稳本质。在某受力工况下，满足全部支座不出现脱空，只能说明在此受力工况下桥梁不会发生倾覆，但其倾覆安全度有多大，无法根据支座反力情况确定。只有从桥梁倾覆的稳定性特征出发，分析桥梁抗倾覆安全度，才能满足桥梁整体倾覆处于稳定平衡状态，并具有一定的安全度，即桥梁倾覆稳定性满足承载能力极限状态设计和验算。同时设置特殊标志标线、可变情报板等，提出运行管理要求，满足桥梁的实际使用要求。

在桥梁原始自重情况下，当汽车荷载增大到3.07倍时，第6号支座首先出现脱空。在桥梁自重减半情况下，当汽车荷载增大到1.53倍时，第6号支座首先出现脱空。桥梁承受汽车偏载作用，支座反力出现明显的受力转移，以下分析不同支座尺寸条件下，支座反力转移可能造成的支座底部混凝土破坏。

如果支撑垫石的尺寸选为1.1m×1.1m，桥墩混凝土为C40，支座底部混凝土最大能承受的支座压力$N_d = 20\,037.6\text{kN}$。对于桥梁原始自重计算工况，支座受力的转移导致支座反力超过支座底部混凝土所能承受的最大压力，造成支座底部混凝土受压破坏，图2.7中虚线以上部分为不合理支座反力转移导致4号支座底部混凝土受压破坏。对于桥梁自重减半计算工况，支座受力的转移导致支座反力不会超过支座底部混凝土所能承受的最大压力。

如果支撑垫石的尺寸选为0.9m×0.9m，桥墩混凝土为C40，支座底部混凝土最大能承受的支座压力$N_d = 13\,414\text{kN}$。对于桥梁原始自重与自重减半计算工况，支座受力的转移导致支座反力均超过支座底部混凝土所能承受的最大压力，造成支座底部混凝土受压破坏。图2.7中点画线以上部分为不合理支座反力转移导致4号支座底部混凝土受压破坏。

另外，摘录2012年9月22日中央电视台《新闻调查》节目剖析高架桥梁横向倾覆有关内容，对工程建设与维护人员具有很强的启示价值。具体内容为："桥梁设计和施工符合国家标准，但设计师对现实考虑不足，太"本本主义"了；超载是第一个原因，使用不当是第二个原因；国内多起同类事故的发生，应引起各地主管部门的足够重视，了解独墩桥的风险，加强配套管理措施，如增加特殊标志和管理，即使超载无法短期消除，也能避免再出类似事故；按规范设计就要按规范管理，如果做不到，就要靠其他措施弥补，设计和管理部门都应该反思"。

## 2.4 用最小耗能原理方便确定隧道施工工法

图2.8a)为某隧道洞口，由于上覆岩土体局部较破碎，施工时没有采用超前支护措施，从而出现了坍塌冒顶事故。因此，遇到类似围岩，应该首先处理破碎带(即薄弱部位或环节)，必须采取及时有效的超前支护措施(如超前管棚、超前锚杆等)，提供足够的预支护力[图2.8b)]，才能保证围岩的稳定。相似的隧道塌方事故都有一个共同的特征，就是隧道穿越的岩土体，往往下部为坚硬的基岩，上部为结构松散的土体。隧道进洞后，爆破震动一方面对本来就比较松散的土体进行扰动，另一方面隧道的开挖出现临空面，使上部土体失去了支撑，破坏了它的力学平衡稳定性，出现边仰坡滑塌，造成隧道塌方冒顶的严重工程事故。

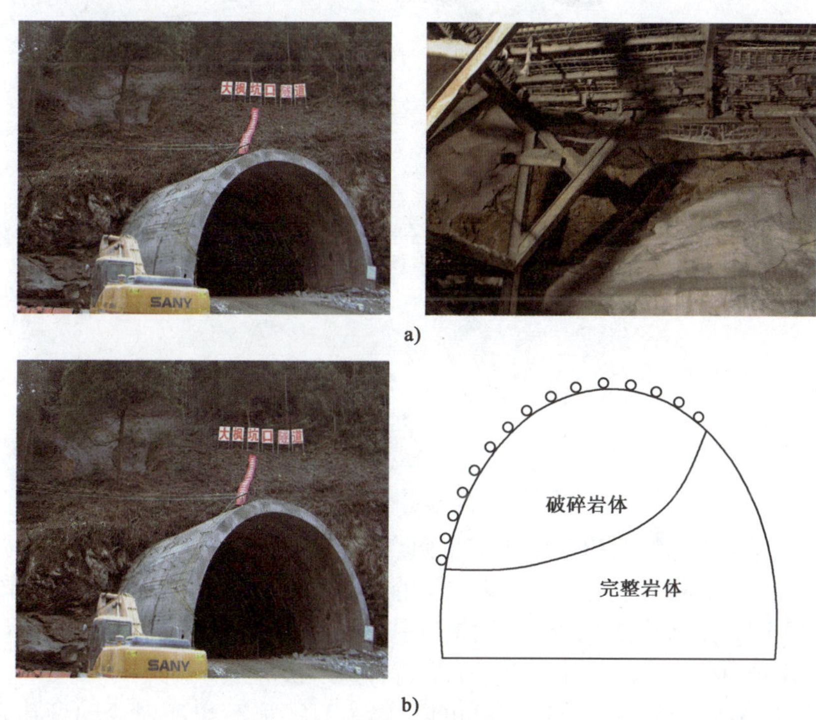


a)

b)

图2.8 某隧道洞口塌方事故及处理方案

a)某隧道洞口塌方事故；b)某隧道洞口塌方处理方案

在既有双洞四车道分离式隧道的两侧新建双洞，形成四洞十车道小净距隧道群是一种常见的扩建形式。由于受到地形地质条件和环境保护等方面的制约，新建隧道与既有隧道的设计间距通常较小，属于复杂近接施工范畴，如图2.9a)所示。为了不影响既有高速公路的通行，需要在确保既有隧道安全运营的前提下，开展新建隧道以及新建隧道与既有隧道之间联络通道的修建工作，给隧道设计和施工带来了新的挑战。为了减少拓宽新建隧道和联络通道施工对既有隧道的影响，保障既有隧道安全运营，可采取如图2.9b)所示的拓宽新建隧道和联络通道施工优化工法。

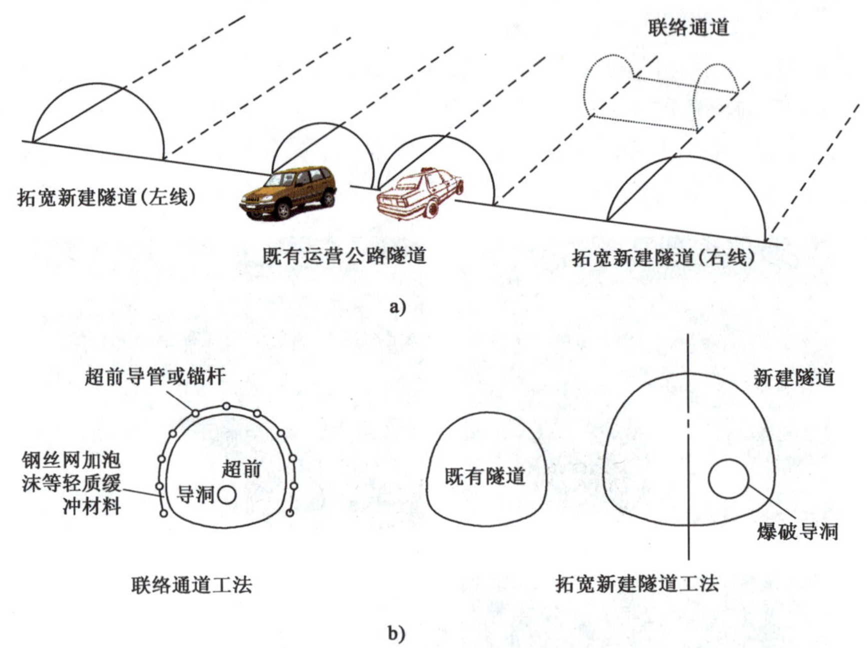


图2.9　公路隧道施工示意图

a)公路隧道拓宽示意图；b)优化工法示例图

以上分析和论证可以归纳为以下两点启示：

(1)由于破坏过程是一个需要消耗能量的过程，因此，根据最小耗能原理，结构物应该总是从最薄弱处，也就是以其最容易发生破坏的方式(亦即耗能最小的方式)破坏。以上所列举的例子都符合这一破坏规律。

(2)最小耗能原理的应用可以更广，因为只要能写出所讨论问题在相应约束条件下破坏过程的耗能率表达式，则根据最小耗能原理，就可列出关于所讨论问题的条件极值或条件变分方程。而求解这些方程，就可解决与此耗能过程有关的各种问题。关于最小耗能原理的数学分析过程可参考书籍《最小耗能原理及其应用》(周筑宝、唐松花著)。

# 3 改进变形协调，改善桥梁结构受力状态

## 3.1 对结构变形协调的基本认识

对于工程结构来说，外力做功有效转换为弹性应变能或其他形式的能量是必然的物理过程。平衡体系外力做功要平稳有效地转换为弹性应变能，必须具备足够的能量转换空间或路径（或称为满足变形协调要求），使结构通过变形能接受外力所做的功，从而达到结构力的传递和能量转换按设计路径进行，实现稳定平衡的目的。与结构外部因素“力”相比，内部因素“变形协调”是结构的本质内容，结构工程师应该给予重视，认真把握。

具体来说，变形协调是指结构必须具备必要的变形空间与恰当的刚度匹配。必要的变形空间保证力有合适的传递路径以及能量有适当的转换途径；恰当的刚度匹配确保结构各部件协调工作，最大限度地保证结构体系受力安全。结构变形是连接结构外部因素“力”与其内部因素“刚度”的纽带。结构中受力平衡、变形协调以及由此产生的系统内力是通过系统各部件的刚度和连接部件之间的相对刚度来体现的。也就是说，属于结构的外部因素“力”（如外力、地震作用、地基不均匀沉降等）在结构中的内部作用、传递以及所引起的结构反应都是通过属于结构的内部因素“刚度”来完成的。结构只有具备合适的刚度，满足变形协调要求，才能确保结构受力在结构系统内部合理分配，外力做功合理平稳地转化为结构系统应变能，这是结构受力安全的重要条件。结构刚度过大则变形能力差，强大的破坏力瞬时来袭时，需要承受的力很大，容易造成局部受损最后全部毁坏；结构刚度过小，虽然可以很好地消除外力，但容易造成变形过大而无法使用，甚至导致结构整体倾覆。因此，要保证结构设计安全合理，设计中既要围绕外部因素“力”，更要围绕内部因素“刚度”或“变形协调”，由“力、变形、能量”三要素共同思考结构布置和构造措施，并用一个或几个要素更好地控制结构行为。

材料力学理论采用了平截面假定计算梁截面抗弯承载力。要保证计算结果与实际情况尽可能接近,必须采取合适的构造措施确保实际梁的弯曲变形基本满足平截面假定。对于宽翼缘T形梁弯曲时难以满足平截面假定的情况,可采取有效翼缘宽度代替实际宽度计算其抗弯承载力;高层建筑中,楼层刚度无穷大的结构可较准确计算抗侧力,结构主轴刚度均衡可控制结构扭转,伸缩缝隙可较好解决平面刚度突变问题。预应力梁截面预压应力往往集中在锚具附近,不能在全截面有效合理分布,只有采取合适的构造措施(如加强锚固区构造钢筋),才能保证预压应力合理分布。要想充分发挥钢—混凝土接合梁抗弯能力,需在钢梁与混凝土板之间布置足够的剪力连接件,防止钢梁与混凝土板连接面发生相对错位,保障钢筋与混凝土连接面变形协调、共同工作,这样才能充分发挥钢梁顶部混凝土板的受压性能。有些不同结构的组合体系由于变形协调问题处理不当,往往会出现一些问题。如20世纪60~80年代修建的双曲拱桥、刚架拱桥、浆砌块石拱桥等,近期修建的部分不同桥梁结构组合的新型桥梁等,都是不能由组合或单件部分受力体转变为整体共同受力体。在高压电线之间和大跨度斜拉桥拉索之间安装限位器,有利于高压电线与拉索按设计形态工作。隧道大塌方空间内充填泡沫或泡沫混凝土可给予局部坍塌体缓冲空间,实质上是减少外力做功,并为其有效转换为弹性应变能提供足够的能量转换空间或路径。可见,基于"变形协调"概念,可以通过结构布置和构造措施方式保证计算假设和受力分析的正确性,从而达到控制结构行为的目的。

通过力学分析研究地基与结构组合系统的力学状态与过程,必要时采用有效措施确保工程结构施工全过程满足地基与结构体系始终保持稳定平衡与变形协调和外力做功能够有效转换为结构弹性应变能。同时提出工程结构独立受力系统建设使用全过程都必须满足稳定平衡、力与变形关系、变形协调,以使独立受力的组合结构系统由组合或单件部分受力体转变为整体共同受力体;否则,会改变原始力学平衡形式而达到新的力学平衡形式,新的平衡状态可能不具备良好的稳定性。对于无法实现变形协调的多个独立受力单元的工程组合结构系统,避免连接部分开裂是重点。例如,连拱隧道与小净距隧道及多个独立平行斜交连续梁桥,需提高它们的受力独立性。

李胜勇在论述结构设计基本原则时,特别强调"打通关节"对结构设计的重要性。结构体系的"关节"是指变化相聚的部位,或变化出现的地方。不同类型的构件相接处,同一构件截面改变处,如结构错层和体量改变的地方及转换层均是关节。外力突然袭来之时,对于单一构件,力量的传递简明,因而容易控制。对于复杂的结构体系,关节的复杂性难以预测和控制,即使从理论上保证了每个组成构件的强度和刚度,但因关节的普遍存在,力量的传递往往不能畅通而出现集中甚至中断,破坏由此而发生。公路T形梁之间的接缝以及横向连接系即为桥梁体系的关节,接缝以及横向连接系不够,汽车活载在横向不能按设计要求传递,外荷载无法在桥梁体系内部进行合理分配,导致直接接触车轮的梁承载过重,容易发生桥梁垮塌事故。以上强调力与能量在关节处要能够畅通传递,与变形协调概念要求必要的变形空间保证力有合适的传递路径以及能量有适当的转换途径是一致的。

结构抗震设计中要求“强柱弱梁”、“强剪弱弯”,而不是“强柱强梁”、强剪强弯。”“强柱强梁”、“强剪强弯”的概念虽然能够使得整个结构体系各种构件协调组成一体,但地震荷载(不可预料的破坏力量)对结构的破坏加剧。也就是说,在不破坏的前提下,结构体系协调一体,能充分发挥抵抗能力,但是一旦发生破坏,且梁柱一起破坏,则破坏带来的后果将极为严重。反过来,针对抗震需求,根据“强柱弱梁”、“强剪弱弯”的概念,将梁设计成相对薄弱的环节,使其破坏在先,柱破坏在后,以最大限度地减少可能出现的损失,而从广义上也达到了最大限度保证结构体系受力安全性的目的。

力和能量要有相应物质载体,并具有相应传递或转换途径,结构“稳定平衡与变形协调”互补和“外力做功合理转换为结构弹性应变能”是统一的,变形协调又是能量法和力法结构分析的必要条件。确保“力、变形、能量”按设计路径传递及方式转化,是结构稳定、安全的基本要求,也是维持设计形式不产生有害过程的基础。根据实际情况,可以从“力、变形、能量”三要素中的一个或几个要素控制地下工程结构行为。一般来说,可以用“力、能量”进行定性或定量分析结构行为,用“变形”进行控制结构行为。而确保结构的“稳定平衡与变形协调”状态,不仅需要目标控制,更需要围绕目标实现结构安全合理的过程控制,否则结构有可能不稳定或破坏。牛顿力学、能量法等理论能够解决结构稳定平衡问题。虎克定律、本构关系等理论建立了材料受力与变形之间的关系。而结构的变形协调问题,即构件内部或构件与构件之间力的合理传递问题,并未凸显出来,也缺乏明确的分析标准。对于简单结构,基于成熟的构造措施以及经实践验证合理的变形假定,一般能够解决变形协调问题。对于复杂结构,工法与构造创新虽然解决了大部分连接的可靠性问题,但是构件之间或非均匀构件内部是否满足变形协调的问题,就不易把握或不一定满足。对此问题以往没有得到足够的重视,有时导致结构开裂或不利变形甚至结构破坏。尽管材料性能、设备性能、分析方法、计算手段、工艺工法等方面在不断进步,同时结构大型复杂化与外部条件复杂化,但是结构“力、变形、能量”三要素的内涵、属性和过程是不变的,然而其把握的复杂性与难度增加了。只有经过反复模拟与试验，做到理念和手段先进并到位，保证结构全过程稳定平衡和安全合理，才能推进大型复杂结构建设进程。

因此，结构设计时要把握“变形协调”的基本概念，最好做到既有原则性，又有灵活性，也就是刚柔相济。刚是立足之本，必要的刚度不能少，如此方能控制变形在可以接受的范围内，才不会失掉本质的东西；柔为护身之法，刚度毕竟有限，要学会以柔克刚，不断提高消化转换外力的能力；通过“变形协调”概念，可较好地以结构布置和构造措施方式控制结构行为，同时又保证计算假设和受力分析的正确性。

## 3.2 变形协调对结构体系中力的合理传递或转移的影响

因为荷载路径多变性或力和能量的不合理传递或转移和集中等与结构的塑性变形、脆性断裂、积累损伤、环境腐蚀等耦合，使工程结构（特别是标准梁）的分析计算结果具有较大的不确定性。柔性结构与刚柔组合结构在不良地质环境等条件下，力的合理传递或转移路径与变形协调控制等问题十分复杂。所以，实际工程结构的工作状态最好基本处于弹性阶段，保持变形协调和设计受力路径与实际受力路径全过程相同，使求解的问题简单化，保证工程结构的安全可靠。

在实际工程结构设计和计算过程中，应该谨记以下三点：①土木工程结构设计施工应该满足“结构合理、稳定平衡、适度容错、风险可控、措施到位”，犹如地震区结构要求“大震不倒、小震不坏”，做到风险可控。就像人骑自行车的稳定性与速度相关，身高与车高相适应才能风险可控。②工程结构设计关键要从物理概念出发，把握好两个前提条件，即在全面分析结构体系力学规律前提下，合理结构和过程控制（避免积累损伤、保证力的传递或转移路径合理等），才能解决结构变形协调问题，确保结构设计受力路径与实际受力路径全过程相同，真正做到“综合把握施工工法与工程结构构造合理和材料特性与环境条件，达到整体共同受力与变形协调以及防止出现薄弱部位或环节”。③力学分析软件合理应用的前提条件是要建立正确的计算模型，模型应能够反映结构建造和使用的实际过程。

在分析计算过程中，应充分认识到有塑性破坏或积累损伤时的结构受力与应力路径有关，此时线弹性力学分析的叠加原理不适用。如果分析计算忽略结构建造和使用过程中的某些重要环节，就可能忽略局部塑性变形或积累损伤对最终计算结果的影响。当前应用分析软件时存在的主要问题是人们只与友好的软件界面沟通，缺乏分析过程对基本力学原理的把握，因此在实际培训和应用软件中往往忽视力学模型的合理构建。这正如许多人使用了很长时间的傻瓜相机进行拍照，却不了解光圈、速度和感光度的配置要求，在良好光照条件下不会出现拍摄问题，但在不良光照条件下，就会导致照片不清晰等问题。不注意对应力传递或转移路径的正确把握，可能会造成结构设计应力与结构实际受力相差很大，导致施工和使用中隐含安全风险。

因此，设计或施工时应该改变只注重目标控制，即结构完成时，平衡状态下$\sum P_i=0$。实际上，在施工或使用过程中产生不协调变形时，力和能量会发生重新分配或转移。如果设计或施工过程中忽略或不重视过程控制，就会改变原始平衡方程$\sum P_i=0$中的因子或条件，这样可能改变或打破原始平衡状态，造成$\sum P_i\neq0$。因此，设计和施工过程中，一定要综合考虑“系统细节、平衡稳定、目标控制、过程控制”四个要素之间的相互关系，真正达到“综合把握施工工法与工程结构构造合理和材料特性与环境条件，达到整体共同受力与变形协调以及防止出现薄弱部位或环节”的全过程稳定平衡目标。

非常必要全面系统地从工程实际应用出发，研究维持变形协调的合理工程结构或措施，以及研究减少或消除变形协调对稳定平衡的不利影响。虽然在设计上满足力学稳定平衡关系，但非协调变形的局部破坏可能发生积累效应，最终会导致结构系统的破坏，有效利用“最小耗能原理”可方便判别结构的薄弱部位或环节并预先防治。也就是说，应重点研究维持变形协调的合理工程结构或措施，确保满足力学稳定平衡，或满足变形协调直至确保满足力学稳定平衡，否则结构在使用过程中可能会产生力的重新分配或转移，改变甚至破坏结构体系原有或设计的稳定平衡状态，形成新的设计上没有考虑到的结构受力状态，这些风险因素或在结构安全范围之内，或使结构带病害或裂缝工作，或使结构施工或运营风险不可控和安全没有保障。

这里通过深埋涵洞受力影响分析实例，来说明变形协调对结构体系中力的合理传递或转移的影响。当前出现许多深埋涵洞开裂问题，根据图 3.1a）分析可知：由于涵洞刚度大于路基刚度，涵洞设计荷载呈矩形分布小于涵洞实际荷载呈类似倒梯形分布，浅埋涵洞超额受力在安全范围之内；深埋涵洞超额受力会导致涵洞开裂，事实上深埋涵洞的薄弱部位或环节是涵洞开裂，应该防止诱发不利作用力和能量都向涵洞结构转移或集中作用。

从图 3.1b）可知：由于涵洞上填一定厚度的轻质材料，则涵洞与轻质材料组合体系刚度小于路基刚度，涵洞设计荷载呈矩形分布大于涵洞实际荷载类似塌落体分布,上部荷载转移给路基承担,这样不管浅埋或深埋涵洞受力都在安全范围之内,涵洞不会开裂。类似能量返回轮胎[图3.1c)]的受力作用,它们由两层橡胶组成:一层在里面,通过可以调节的圈支撑;另一层在最外侧,中间部分也就是传统轮胎内胆所在的地方,这里填充的是一系列弹性垫,与车圈一起保持车胎的平稳和压力。

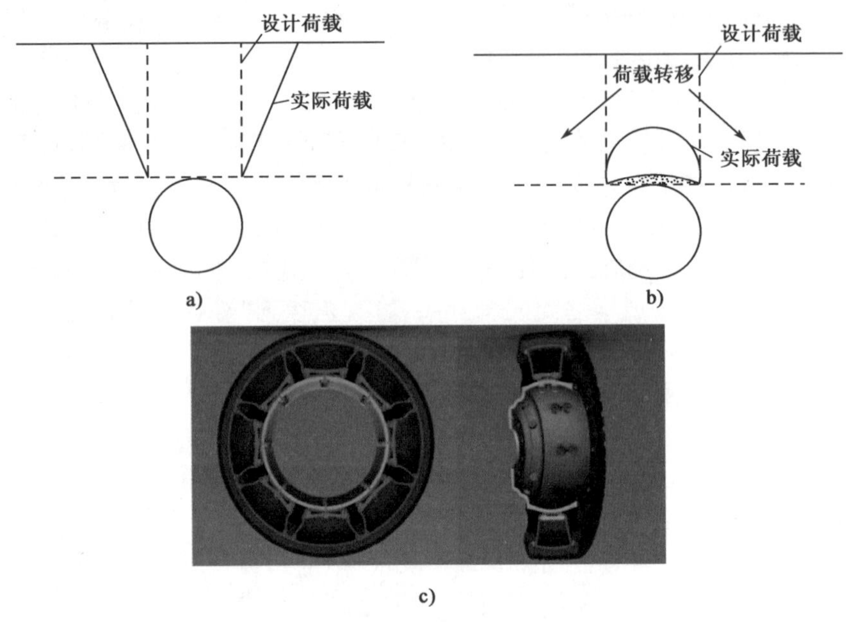


图3.1 深埋涵洞受力示意图

a)涵洞荷载呈类似倒梯形分布图;b)涵洞荷载呈类似塌落体分布;c)能量返回轮胎受力原理图

## 3.3 改进变形协调,解决结构累积损伤问题

随着城镇化的加速和交通运输事业的发展,我国公路桥梁经历了前所未有的快速发展。截至2010年年底,全国公路桥梁总数约为62万座,其中不足40m跨径的中小跨径桥梁占到桥梁总数的90%以上。这些桥梁以传统常见的梁、板结构为主,在使用过程中问题较为突出,尤其是随着经济的发展,车流量远超过设计预期,使得很多已建成的公路桥梁过早地出现结构损坏、甚至垮塌的现象。

现行规范中均把车辆荷载乘以相应的安全系数后,按照静力学的原理指导桥梁设计。为节省材料成本，往往又对桥梁断面进行优化设计，在节省材料的同时，也降低了桥梁的刚度，客观上影响了桥梁的使用寿命，增加了工程风险。在重复荷载作用下会加速公路桥梁结构或构件材料积累损伤过程，甚至引起公路桥梁结构或构件破坏。然而，单纯按照静力分析很难说明为什么这些中小跨度桥梁在超载车辆作用下会突然垮塌。这里基于变形协调概念，并结合结构累积损伤原理以解释中小跨桥梁垮塌的原因。

结构受重复荷载作用时，只要应力低于材料的疲劳强度极限，循环作用的荷载几乎不会产生结构损伤。但在高应力、应力集中、大变形构件、变形不协调构件组合等情况下，结构处于非完全弹性状态，外力做功除转换为弹性应变能外，还产生其他形式的能量（如热能：受拉杆件断裂口发热），就会由疲劳引起结构积累损伤，同时这也是一个耗能过程，当促使其破坏的能量积累到一定程度（即达到临界值）时，最终造成强度破坏，影响结构使用寿命。例如：①中承式钢筋混凝土肋拱桥的部分桥面系是漂浮体系，其中短吊杆不仅承受拉力（计算中包含），而且承受弯剪力（计算中不包含），以及长短吊杆变形不同造成受力不均，还有拱桥吊杆的防腐措施不到位直接影响桥梁的运营安全；②20m 及以上小铰缝钢筋混凝土板梁刚度较小等。两者均容易产生疲劳积累损伤，单纯用静力分析很难说明为什么许多中小跨度桥梁在超载车辆作用下会突然垮塌，需要结合疲劳累积损伤理论与“最小耗能原理”进行分析。事实上，只有理想的弹性体满足外力做功等于结构弹性应变能的关系，而非弹性体除产生弹性应变能外，还会产生结构积累损伤能量引起材料劣化，见图 3.2。

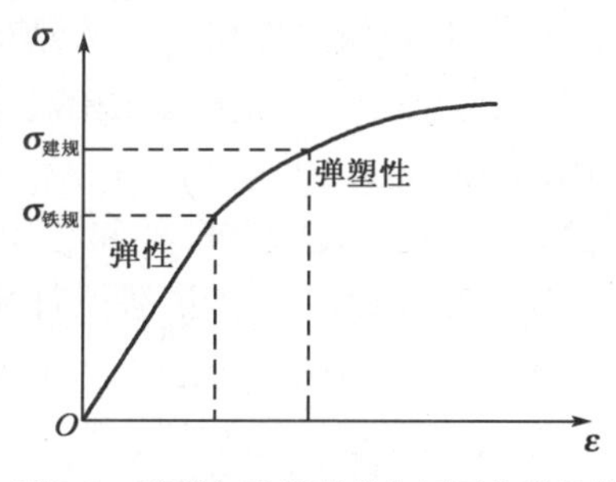

图 3.2 静载与重复荷载作用下非弹性体积累损伤比较

按建筑与交通规范设计的结构物考虑结构工作到弹塑性状态，虽然在正常使用状态下，结构通常处于弹性状态，实际上公路桥梁经常承受一定程度的超载作用，从而在反复荷载作用下容易产生累积损伤，而按铁路规范设计的结构物仅允许结构处于弹性工作状态，铁路荷载一般不出现超载现象，故在反复荷载作用下产生累积损伤相对较少（图 3.2）。另外，按建筑规范“不直接承受动荷载”（后来改为“需要计算疲劳”）的钢梁抗弯承载力计算时，可以考虑截面部分进入塑性状态，即按弹塑性理论设计，但是当直接承受动荷载作用时，规范规定只能按弹性理论进行抗弯承载力设计。与之对应，国际标准化组织（ISO）作了两条规定：一是塑形设计不能用于出现交变塑性的构件，即不能出现受拉屈服和受压屈服情况;二是对承受动荷载的结构,设计荷载不能超过安定荷载,即构件不会由于塑性变形的逐渐积累而破坏,也不会由于交替发生受拉屈服和受压屈服使材料产生低周疲劳破坏。世界范围内偶有公路桥梁垮塌事故,而不是铁路桥梁。另外,同一段公路仅有个别桥梁运营一段时间后发生垮塌事故,而所有的桥梁均处于相似的超载状态。正如生活中扳断铁丝只需要很少几个来回,原因在于每个来回的作用都达到了弹塑性状态,不利作用力和能量都向铁丝的弹塑性薄弱部位转移或集中。以上两种情况说明公路桥梁结构处于弹性工作状态的重要性。

当结构变形不协调时,结构实际受力和能量转换不能按设计路径进行传递或转换,这样结构可能处于亚稳定平衡状态或不稳定平衡状态(前面所说状态2与状态3)。若外力或外力做功较小时,结构变形协调,那么结构处于稳定平衡状态(前面所说状态1),但是在重复荷载作用下,也会产生疲劳引起的结构积累损伤,最后造成强度破坏,影响结构使用寿命,犹如人的过劳死,长期高强度劳动会影响人的健康和寿命。

结构产生积累损伤现象,虽然实际结构受力与变形没有产生突变,但在重复荷载作用下的积累损伤效应为结构受力或变形产生突变埋下隐患,结构实际受力或变形处于渐变转化为亚稳定平衡状态甚至不稳定平衡状态,最后造成结构破坏,应该加强防范。特别在材质不良、大交通流、超载、荷载分布差异等情况下,结构产生积累损伤现象和结构变形不协调问题会更加突出。

**【实例 3.1】** 系杆拱桥吊杆疲劳实例分析。

中承式钢筋混凝土肋拱桥的部分桥面系是漂浮体系,目前国内部分拱桥倒塌的主要原因是吊杆断裂。因该类桥梁的桥面系是漂浮体系并由单吊杆支撑,其中短吊杆不仅承受拉力(计算中包含),而且承受弯剪力(计算中不包含),以及长短吊杆变形不同造成的受力不均,造成功能转换产生的应变能不能有效耗散,就会产生结构积累损伤。另外,桥面系吊杆锚固端部锈蚀严重,不利作用力和能量都向短吊杆锚固端部的弹塑性薄弱部位转移或集中,两者都影响结构使用寿命。下面是某桥更换吊杆钢索中的钢丝扫描试验结果,图 3.3 为未损伤端的切片扫描照片,图 3.4 为损伤端的切片扫描照片。对比两组照片,可以发现一些钢筋内部已经存在的损伤。

**【实例 3.2】** 简支空心板梁疲劳实例分析。

以某公铁立交桥为例,采用两种不同界面的桥优化宽幅空心板开展结构破坏性试验。图 3.5 为空心板的加载示意图。采用分级加载方式将荷载通过传力铰传递到板梁上来模拟车辆荷载的情况,待板梁变形稳定后记录跨中的挠度,并测量跨中下部的裂缝宽度，全部卸载后再次测量裂缝宽度。针对两种截面的空心板（3 号板和 5 号板）开展试验，其中 3 号板同时记录挠度挠曲变化和裂缝变化情况，5 号板只记录裂缝变化情况，如图 3.6 所示。

图 3.3　未损伤端的切片扫描照片

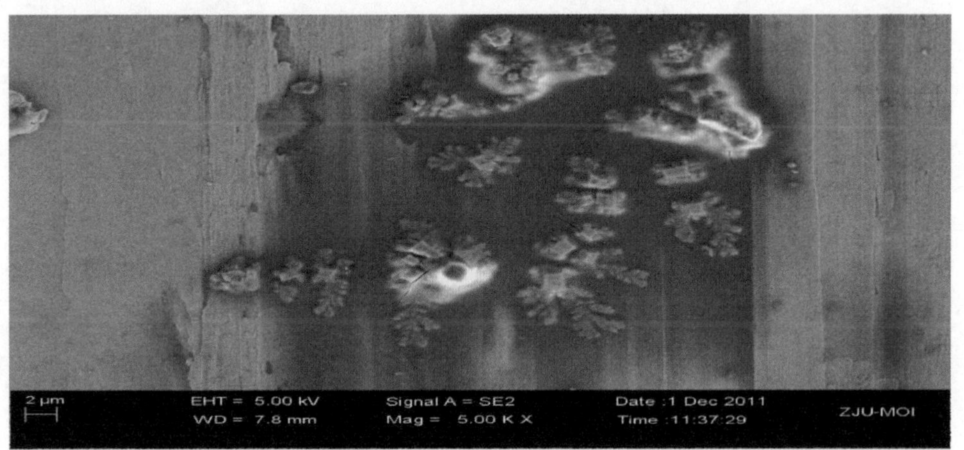


图 3.4　损伤端的切片扫描照片

表 3.1 为 3 号板和 5 号板在加载前、加载后和卸载后的裂缝宽度。可以看出，3 号板和 5 号板在加载后与加载前纵向裂缝宽度比值分别为 1.14 和 1.12，卸载后与加载前裂缝宽度比值分别为 1.05 和 1.00。5 号板底壁相对较厚，刚度较大，其纵向裂缝完全恢复；3 号板底壁相对较薄，刚度较小，其纵向裂缝未完全恢复，已造成结构损伤。

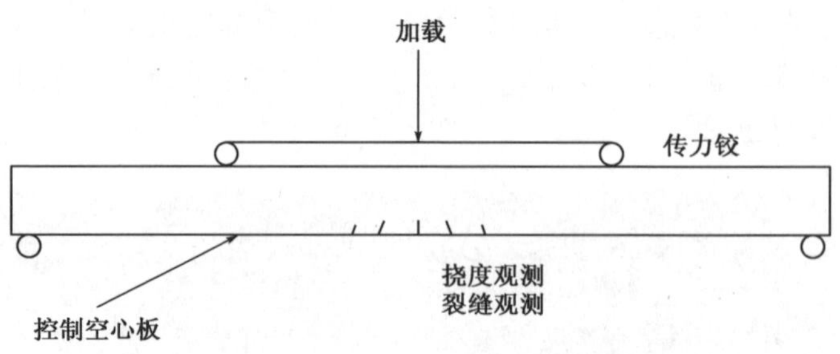


图 3.5　20m 跨空心板加载试验示意图

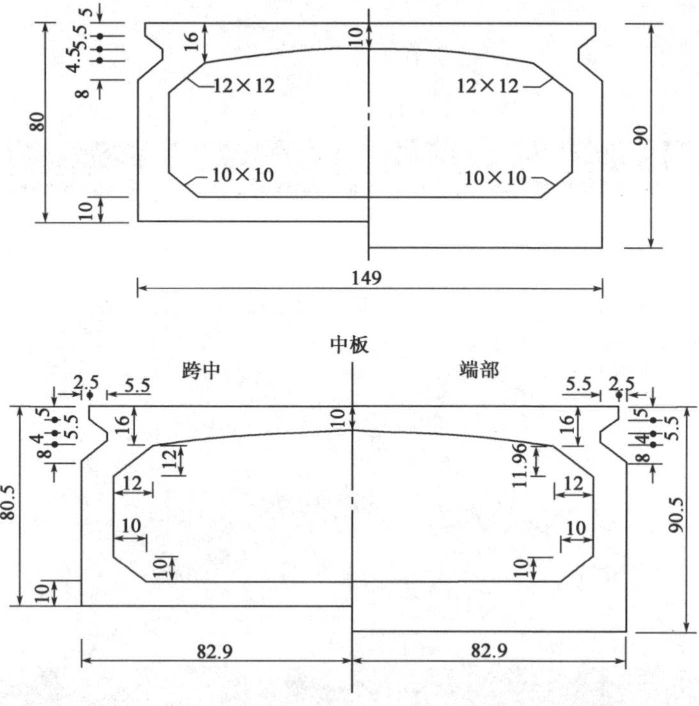


图 3.6　20m 跨空心板横断面图(尺寸单位:mm)

加载过程中刚度发展见图 3.7。从图 3.7 可以看出,在加载初期,结构的刚度较大,随着荷载的增大,裂缝的开展,刚度下降较快。继续增加荷载,结构由弹性工作状态转变为弹塑性工作状态,使得结构刚度退化程度略有减慢。在试验加载后期,刚度退化刚度逐渐变缓,在达到极限承载之前,刚度的退化和变形几乎呈线性关系。

裂缝宽度监测结果统计表 表 3.1

| 桥跨编号 | 裂缝位置 | 裂缝宽度(mm) | | | 裂缝变化情况 | |
|---|---|---|---|---|---|---|
| | | 加载前① | 加载后② | 卸载后③ | 加载后②/加载前① | 卸载后③/加载前① |
| 左幅第3跨 | 3号板底板纵缝 | 0.150 | 0.171 | 0.158 | 1.14 | 1.05 |
| | 5号板底板纵缝 | 0.160 | 0.179 | 0.16 | 1.12 | 1.00 |

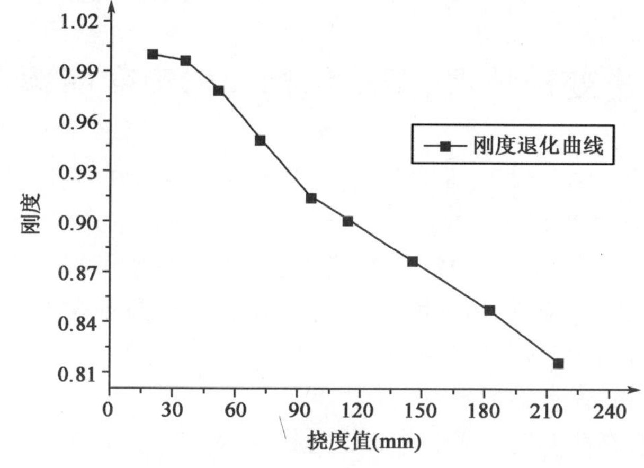


图 3.7 加载过程刚度发展图

从优化宽幅空心板结构破坏性试验结果可以看出:优化宽幅空心板结构由于刚度偏小(主因),小铰缝也容易损坏(次因),就像人先天免疫能力差,后天就容易生病或由小病引起并发症;特别在荷载较大时,结构由弹性工作状态转变为弹塑性工作状态,容易产生积累损伤。犹如通信领域中频率都对应一定的功率,若要达到谐振点,必须频率相同,同时功率也相对应达到才行;若仅频率相同,功率不足,不会发生谐振;同样,若仅功率满足,频率不同,也不会发生谐振。

另外,宁波招宝山大桥施工过程中,空心板梁预应力管道空心与实心试验结果相差25%,而设计中没有考虑;即使管道内注满浆,两者受力也有差别。因此,实际结构设计中,理论计算和试验分析相结合很重要。目前仅重视理论计算而轻视试验分析的做法值得商榷。

金华市和台州市对空心板结构采用底部增加横向预应力索,铰缝增加横向钢筋连接并灌浆,桥面补强层加固,改进原设计增加顶板、底板、腹板尺寸等做法。说明原空心板结构设计标准偏低存在不足。

综上所述，中小跨度、刚度较小、存在局部不足等桥梁容易产生积累损伤，不利作用力和能量都向桥梁的弹塑性薄弱部位转移或集中。结构产生积累损伤现象，虽然实际结构受力与变形没有产生突变，但在重复荷载作用下的积累损伤效应为结构受力或变形产生突变埋下隐患，结构实际受力或变形处于渐变转化为突变前的不稳定平衡状态的前兆，最后造成强度破坏，应该加强防范。特别在材质不良、大交通流、超载、荷载分布差异等情况下，结构产生积累损伤现象和结构。

## 3.4 改进变形协调，解决结构变形突变问题

当结构变形不协调时，在重复荷载作用下，结构外力做功除合理转换为弹性应变能外，还产生其他能量，如结构坍塌产生的重力势能等，结构受力与变形会产生突变，使得结构开裂、不稳定甚至破坏。例如：2008 年汶川地震中板墙结构或节头不良的框架结构；构造或刚度不利组合程度较高的桥梁结构。两者均容易发生外力做功不能合理转换为弹性应变能而造成开裂甚至破坏，不利作用力和能量都向结构的弹塑性薄弱部位转移或集中。

当结构变形不协调时，若外力或外力做功又较大（如拉吊索桥梁因钢丝锈蚀而产生脆断破坏），结构受力与变形会产生突变，那么结构处于不稳定平衡状态。

当结构变形不协调时，结构虽然平衡但状态不同，即结构质点加速度 $a=0$，而结构质点速度、位移可以是 $v=0$、$s=0$，也可以是 $v=v_1$、$s=s_1$，…或是 $v=v_n$、$s=s_n$。这样的复杂结构（特别是柔性结构）会改变力的合理传递路径，或产生较大的附加内力甚至超过荷载内力，那么，结构就可能出现开裂或破坏而处于不稳定平衡状态。

结构变形不协调时，重复荷载作用、外力或外力做功较大或结构虽然平衡但状态不同等情况，可能会使结构受力与变形进入突变阶段，结构处于不稳定平衡状态，即产生类似结构分支点失稳问题，应该提前加以防范或通过加固改造变为合理结构，即转为类似结构极值点失稳问题。特别在材质不良、大交通流、超载、荷载分布差异等情况下，结构变形不协调的安全隐患问题会特别突出。实际工程结构由于各部件之间刚度不相匹配，出现变形不协调的情形，我们可以根据不协调有害变形发展特征，按照类似结构分支点失稳和类似结构极值点失稳变形发展规律进行研究。对于类似结构极值点失稳问题，对其有害变形进行实时监控预警，防止其继续扩展而威胁结构安全。对于类似结构分支点失稳问题，则只

能通过修改结构设计方案,改善结构力与变形传递路径,使其满足合理结构的三个关系,根本改变有害变形的发生机制。

当工程结构变形不协调时,结构体系受力方式将发生变化,力的传递或转移路径亦会出现变化,可能会在某些部位出现不应有的应力集中或受力方式的改变(如拉压的改变),破坏结构体系原有或设计的稳定平衡状态,形成新的设计没有研究的平衡状态,这些风险因素或在结构安全范围之内,或使结构带病害或裂缝工作,或使结构施工或运营风险不可控和安全没有保障。

**【实例3.3】** 著名德国桥梁专家莱昂哈特非常注重结构构造的思想,他在《钢筋混凝土及预应力混凝土桥建筑原理》一书中强调:"有关桥梁性能的好的构造细节较之复杂的计算更为重要"。这样在结构有限元分析中,梁单元隐含"平截面假定",对于复杂结构而言,最好由"好的构造细节"措施来保证,避免"复杂的计算"可能引起计算结果与实际结果差别很大,确保结构受力安全,更要防止用有限元分析或试验研究证明不合理的结构也被采用。

**【实例3.4】** 变形协调概念的具体例证。幼小孩子站和走均不稳定,自身会摔跤,外推力只是诱因;赵州桥砌块之间没有砂浆,砌块为料石是关键。

**【实例3.5】** 桥梁事故案例分析。

统计近年发生事故的桥梁类型可归纳为简支板梁、组合拱桥、刚架桥等,这些均属于柔性结构或刚柔组合结构。由于这类结构常常处于弹塑性工作状态,还受到高循环应力或不合理应力作用,受力过程不具有叠加性,结构受力状态与加载路径有关(相当于状态2),恰恰汽车重复荷载路径多变性不像火车或工业吊车重复荷载路径相对稳定,这样,柔性结构、刚柔组合结构在汽车重复荷载作用下,桥梁设计应力与实际应力可能相差很大。同时,处于弹塑性工作状态的结构相比弹性状态结构容易产生的更大的积累损伤,不利作用力和能量都向结构的弹塑性薄弱部位转移或集中,降低了桥梁的使用寿命,可能导致桥梁提前损坏或破坏,甚至周期性破坏,就存在行车安全风险。火车或工业吊车重复荷载桥梁设计规定,在弹性阶段作用下,结构处于弹性阶段工作状态,设计应力与实际应力基本相同,行车安全风险较小(相当于状态1)。例如:20m标准板梁自身质量26t,而汽车最大规定质量55t,每块板承重可大约简化为27.5t(1/2),特别是在超载运营条件下,结构往往处于弹塑性工作状态,结构累计损伤较大,行车安全风险较大(相当于状态2)。著名桥梁工程师茅以升主持设计和施工的钱塘江大桥为经典成熟的钢桁梁桥,由结构刚度控制,安全度有富余,材料质量稳定,基本处于弹性工作状态,结构累计损伤较小,行车安全风险也较小(相当于状态1)。

【实例3.6】 变形协调概念在具体桥隧等结构中的正反例证。

变形不协调或刚度较小桥梁只能承受低等级载荷，否则会引起破坏，见图3.8。变形协调的桥梁或隧道结构合理且受力安全，见图3.9。

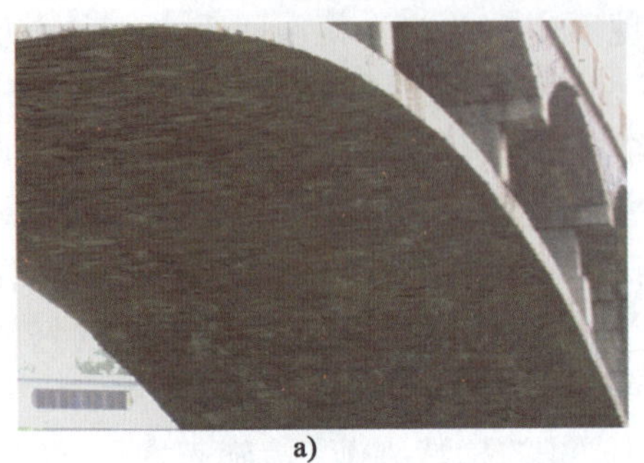

a)

b)

图3.8 变形不协调或刚度较小桥梁只能承受低等级荷载

a)

b)

图3.9 变形协调的桥梁或隧道结构受力合理

a)乾隆四十六年正月建造的天台山欢岙高桥适宜承受静力（人行桥）；b)日本石拱桥采用钢筋混凝土控制位移有利于稳定和适宜承受静力（人行桥）

## 3.5 变形协调概念在桥梁结构伸缩装置中的应用

某大桥主桥为两跨连续钢箱梁悬索桥，桥面系是漂浮体系，位于受台风影响频繁的海域，桥梁梁体在风力、车载等作用下会产生水平与竖向转角变形及扭转变位，其所使用的模数式桥梁伸缩缝无法满足梁体的变形要求，中梁钢在扇形变位及挤压状态下发生塑性形变无法恢复，底部承压支座损坏脱落，最终将会导致中梁钢下陷或折断，严重影响交通安全，如图3.10和图3.11所示。国内同类桥梁使用的模数式桥梁伸缩缝也出现过类似的损坏现象。因为在不利条件下主梁位移或变形偏大，伸缩缝要么约束变形，要么额外变形，主梁与伸缩缝或伸缩缝内部变形不协调会产生较大约束或额外内力，致使伸缩缝材料产生应力积累损伤，减少伸缩缝使用寿命甚至可能发生意外安全事故。而其他与主梁连接的细部构件是否存在变形不协调情况呢？谨防不利作用力和能量都向结构的弹塑性薄弱部位转移或集中，有待认真观察或观测。

模数式桥梁伸缩缝限位装置可以控制伸缩缝某处伸缩最大值。某大桥伸缩缝两端装了6个限位装置（两头、中间各一个），较好地控制了大桥伸缩缝某处伸缩最大值，使得伸缩缝的伸缩量较均匀地传递分布，同样解决了大桥伸缩缝损坏问题，见图3.12。

a)

b)

c)

图3.10 某大桥伸缩缝损坏

图 3.11　某大桥伸缩缝因阻止热胀伸长而损坏

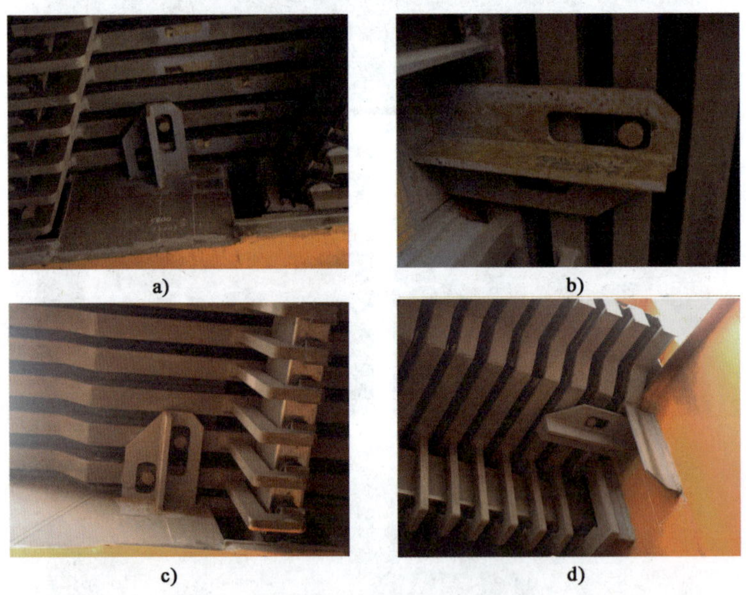

a)　b)　c)　d)

图 3.12　某大桥伸缩缝限位整改措施

应用在同类型钢箱梁悬索桥“重庆鱼嘴长江桥”的“RB 单元式多向变位梳形板桥梁伸缩装置”，其通过装置的多向变位铰机构，主动地适应桥梁梁体的水平、竖向和扭转三维变形要求，能很好地解决该类技术问题。就像人的颈部有 200 多块肌肉用来适应并支撑头部多维运动。

改进措施:桥面沥青混凝土施工前,先用木条和泡沫塞好大桥伸缩缝,以便桥梁热涨伸长,防止桥面等结构损坏。

## 3.6 运用变形协调概念,采用刚柔结合体模型处理桥头跳车问题

解决桥头跳车最直接有效的方法,是在桥台和路堤之间设置过渡带,使桥台和路堤的工后沉降差能均摊在这一过渡带内。为了控制地基的变形沉降和路堤填土自身变形压缩,寻找经济合理的方法,解决刚柔突变导致出现台阶的现象,在对桥头沉降进行系统研究的基础上,基于变形协调概念提出了刚性—刚柔结合—柔性的处理模型。

历史回顾:在阐述这一模型前,首先分析20世纪末和21世纪以来常用的处理桥头跳车技术。

桥头搭板技术(20世纪末常用的一种处理桥头跳车技术):其为刚性—柔性模型体,桥台为刚性结构,自身压缩几乎为零,而与之相连的路基则是刚度较小、柔性较大的弹塑性体。在荷载作用下,这个刚度差引起路基与桥台之间产生较大的塑性变形,使之与路基相连处出现新的沉降,实质上没有控制好系统变形,只是把变形向路基交接处推移,是一种变形的传递。

桩基础技术或排水固结技术(21世纪以来推广的一种处理桥头跳车技术):21世纪以来,混凝土桩、各类管桩技术在接头处理中越来越被设计者推崇。但无论哪种混凝土桩或管桩处理技术或排水固结技术,只对浅层(<10m)软基处理效果较好,而对深层(>10m)软基处理只是将作用在桩顶的力向下传递,对原状土只起改善效果,只有当路基平均压应力$\sigma$应小于流变阀值$\sigma_1$时,沉降才是稳定的(图3.13)。如果桩长变长或许能一定程度上控制桥头沉降变形,但与路基相接处仍会出现比搭板更加严重的新的沉降。这仍属于刚性—柔性模型体,仍是一种变形的传递。

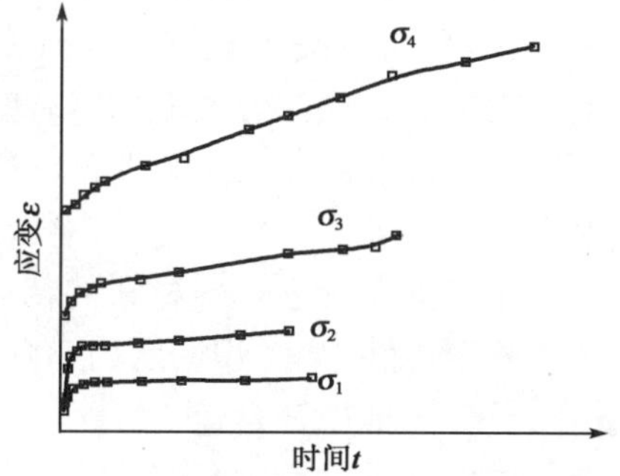

图3.13 一种淤泥质软土的蠕变试验结果（孙钧院士）

上述刚柔结构很难解决这一刚柔突变的沉降问题,于是提出了刚柔结合体模型——深埋搭板+气泡混凝土技术,具体内

容如下。

(1)深埋搭板技术:用小木桩作基础,碎石层为应力扩散层,混凝土结构做受力平台,以扩大受力面的一种经济处理桥头跳车的技术。

①原理:用小木桩(直径小、桩短、成本低)基础代替管桩或混凝土混凝土桩(直径大、桩长、成本高),极大地减小了对原状土的扰动,使其具有高固结性、经济性、施工快速性;设置受力平台大幅度降低了单位面积桩顶的作用力;取消搭板端部枕梁是为了减小刚柔差,降低沉降差,使其具有低弹减振性。总之,深埋搭板技术的产生,实质上是一种刚柔结合体模型的出现。

②优点:此结构与管桩相比,单位作用力降低,桩的向下速率降低;因是梅花桩设置,能有效控制原状土的能量向四周扩散;因桩径小,对土体的扰动小,降低了主固结沉降 $S_c$ 和次固结沉降 $S_s$;加之工作平台的设置,填料对土体的单位作用力降低;有效保护了搭板以下部分的原状土;降低了瞬时沉降 $S_d$;有效控制了总沉降 $S$ 和地基的变形沉降;有效解决了沉降差的均摊问题。

③结构布置:在桥台盖梁投影下,设置四排 75cm × 75cm 长为 6m、直径为 14cm 的梅花形小木桩,小木桩高于原地面(与路基交接处的地面高程)42cm,先铺 30cm 厚碎石、夯实,后浇 25cm 厚(12cm 桩埋入混凝土)30MPa 混凝土。作为受力平台,上铺 1cm 厚沥青,不小于 6m 长的搭板放置在受力平台上,而另一端直接置于原状土上,这样取消了原始的枕梁,目的在于刚柔结合,减小因刚柔体而引起的弹塑变形,防止沉降由桥台传递至路基交接处产生新的沉降不均而发生跳车现象。

④作用:通过搭板由原来置于桥台的牛腿上,向下放置于原状土上和取消枕梁的方法,使其成为刚柔结合体,控制其变形在这区域过渡,而木桩上设置受力平台,防止力向下传递,有效降低了地基的沉降变形。

(2)气泡混凝土轻质材料技术:气泡混凝土是通过气泡机的发泡系统将发泡剂用机械方式充分发泡,并将泡沫与水泥浆均匀混合,然后经过发泡机的泵送系统进行现浇施工,经自然养护所形成的一种含有大量封闭气孔的新型轻质材料。

①气泡混凝土轻质材料的特点如下。

a. 轻质性:干体积密度为 300 ~ 1 600kg/m$^3$,相当于普通水泥混凝土的1/8 ~ 1/5,可极大地减轻自重。

b. 低弹减振性:由于其气孔使其具有低弹性模量,对汽车的冲击荷载具有良好的吸收和分散作用。

c. 抗压性:抗压强度为 0.6 ~ 25.0MPa。

d. 防水性：现浇气泡混凝土吸水性小，相对独立的封闭气泡及良好的整体性，使其具有极强的防水性。

e. 若纵坡≥1.5%，则气泡混凝土无法承受车辆荷载产生的水平分力，而引起水平剪力，使其具有低抗水平剪力性。

②意义：根据以上特点，使用其技术，能有效控制填土自身变形压缩，有效解决软基路段预压不充分遗留的工程沉降问题，并能基本解决工后沉降引起的桥头跳车问题，最大限度地控制对原状土的二次扰动，对新建、改建、扩建道路施工具有极高的推广价值。

(3)深埋搭板＋气泡混凝土技术：用深埋搭板处理浅层地下结构，用气泡混凝土代替路基填料，在一定程度上，可有效解决桥头沉降的两大问题，即地基的变形沉降和路堤填土自身变形压缩。

(4)各种技术的条件选择如下：

①路堤填筑在2m以内，可直接采用气泡混凝土技术。

②路堤填筑在2～2.8m以内，采用深埋搭板技术，搭板上可直接填筑普通的台后材料。

③路堤填筑大于2.8m时，建议搭板上设置气泡混凝土，以减轻填料的自重，从而减小填料的自身压缩。

④设置气泡混凝土必须注意减小气泡混凝土的水平剪力。根据交工后的道路通行来看，纵坡小于1%的道路，气泡混凝土上可直接铺路面结构层；而当纵坡大于1%，特别是大于2%的桥头，如搭板上设置气泡混凝土，务必设置一层剪力扩散层(最好采用20～30cm的碎石类层)，以防路面车荷载产生的水平分力剪裂气泡混凝土。

(5)具体应用如下。

①深埋搭板技术：104国道黄岩西复线窄桥工程为老桥加宽工程，桥台填土高度为2.4m，软土层厚39.5m。老桥于1999年通车，新桥加宽于2009年通车。老桥采用原始的搭板技术，而加宽的新桥采用深埋搭板上直接填石碴。经过两年运行，总沉降为4.75cm，而老桥运行了12年，现仍沉降，且超过加宽的桥头软基沉降量，总沉降为11.23cm，见图3.14。

②气泡混凝土技术：82省道延伸线山头姜至胡村岭段工程，平均台后填土2.0m，纵坡为0.3%～0.8%，部分采用气泡混凝土技术，运行3年，表面结构完整，总沉降为3.14cm，见图3.15。

③深埋搭板＋气泡混凝土技术：104国道黄岩西门立交桥，台后填土3.5m，软土层厚38m，纵坡2.75%，采用深埋搭板加气泡混凝土技术，经过两年运行，

总沉降为 5.48cm，但因气泡混凝土上未设置碎石类扩散层，气泡混凝土已被剪裂，破坏了表面结构，见图 3.16。

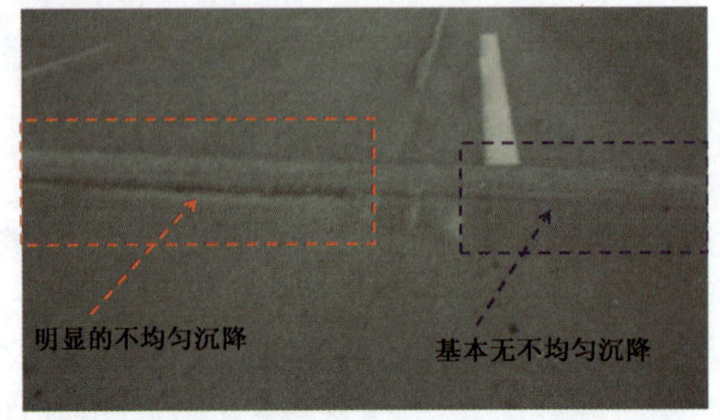


图 3.14　104 国道西复线拓宽工程老路与拓宽侧对比现状图

图 3.15　82 省道延伸线山头姜至胡村岭段工程气泡混凝土技术处理现状图

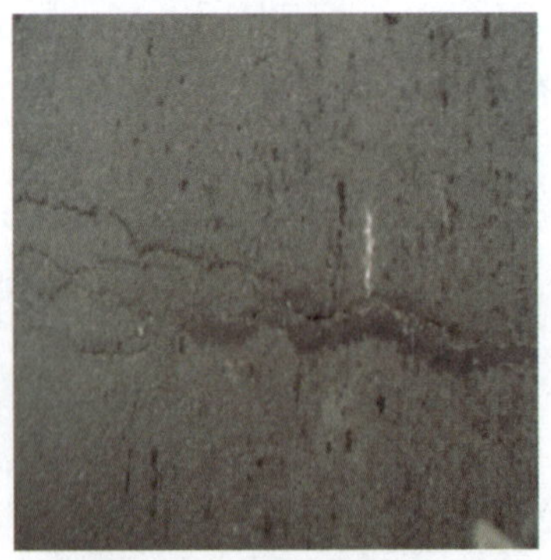

图 3.16　104 国道黄岩西门立交桥全景和气泡混凝土被剪裂图

基于变形协调概念，采用深埋搭板 + 气泡混凝土技术的刚性—刚柔结合—柔性模型，用低成本有效控制了地基变形沉降和自身填土变形压缩的问题，对于南方软土地基处理桥头跳车具有很高的应用价值。

## 3.7 改进变形协调,解决桥面铺装容易损坏问题

20世纪90年代初期建设的部分桥梁,桥面沥青混凝土非常容易损坏(图3.17),管养单位一般每年要进行两次左右的桥面维修,反复修反复坏的桥面,大大消耗了人力、物力、财力。分析桥面沥青混凝土损坏的根本原因,是由于早期修建的桥梁过于追求桥型轻巧,经“优化设计”建设的桥梁,结构刚度不足,竖向变形过大而导致桥面破坏。从这个角度出发,要解决桥面反复修、反复坏的问题,必须增大桥梁的竖向刚度,减小竖向变形。

a)

b)

图3.17 竖向刚度不足引起的路面破坏试验

换个角度考虑问题,把工作重点从单纯的桥面维修转移到提高桥梁竖向刚度上来,从根本上解决桥面维修问题。减小桥梁竖向变形的方法有很多,可以采用改变结构体系或增加横向联系及竖向抗弯刚度,减少桥梁竖向变形等方法,典型范例见图3.18。

a)

图 3.18

b)

c)

图 3.18

d)

图 3.18 增大桥梁竖向刚度减小竖向变形的典型方法

a)钢梁底板焊接钢板变成钢箱梁，增加竖向抗弯刚度；b)在箱梁桥两侧翼缘下面增加钢箱，提高原箱梁桥的竖向抗弯刚度；c)采用改变结构体系和增加横向预应力，提高桥梁的竖向抗弯刚度；d)T 梁横向连接偏弱、整体性不足、受力不均匀，需增强横向连接刚度

与混凝土桥面相比，钢桥面在车轮荷载作用下承受了过大的局部变形，导致疲劳裂缝经常出现。相对混凝土桥梁而言，钢桥的桥面铺装破坏问题更为普遍，被业内人士称为“钢桥的癌症”。桥面易损的主要原因是钢桥面板的刚度不足，沥青混凝土铺装层的高温、疲劳性能和黏结强度不足及超载的作用。

湖南大学邵旭东教授针对钢桥桥面铺装易损问题，提出一种新的设计思路，即采用正交异性钢板—超薄超高性能混凝土这种新型组合桥面，来解决钢桥面铺装易损、钢结构易疲劳开裂两大难题，如图 3.19 所示。其核心是提高钢桥桥面刚度，减少桥面变形，使桥面最大变形小于沥青混凝土铺装层极限变形，或使桥面最大变形与沥青混凝土铺装层极限变形相适应或相协调。有些路面裂缝灌缝也是如此，采用橡胶沥青就能适应路面裂缝附近变形，灌缝效果较好，而采用普通沥青不能适应路面裂缝附近变形，灌缝效果一般甚至产生新的裂缝。

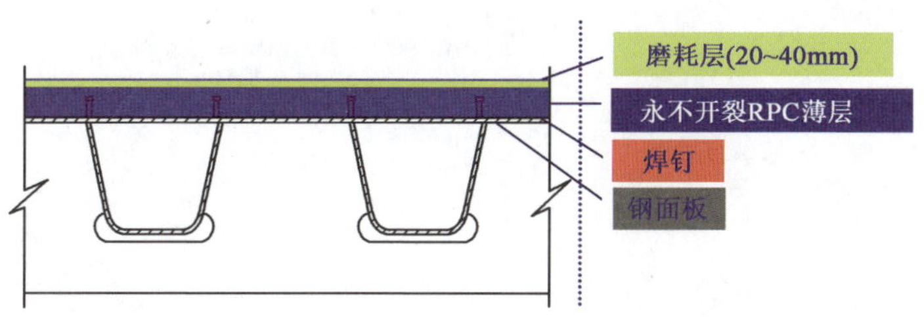


图 3.19 正交异性钢板—超薄超高性能混凝土组合桥面

该新型组合桥面与普通的钢桥面相比，增加了活性粉末混凝土层，即 RPC 薄层。RPC 是一种超高强度、超高韧性和高耐久性的水泥基复合材料，属于超

高性能混凝土。通过在钢桥面板上焊接栓钉,实现 RPC 薄层与钢面板的连接。邵旭东教授将此新型组合桥面应用于虎门大桥的设计之中,通过有限元计算及足尺模型试验得出,采用组合桥面以后,桥面板刚度增加了 40 倍,钢面板横向拉应力降低了 78%,面板与纵肋焊缝拉应力下降了 68%,有效地解决了桥面铺装易损、钢结构易疲劳开裂的问题。由此可见,正交异性钢板—超薄超高性能混凝土组合桥面,在今后的钢桥设计中有很高的推广应用价值。

104 国道湖州父子岭段老路基稳定(无不均匀沉降和地下水影响等),路面质量良好(石子、沥青、设备等),治超水平等保证了路状综合水平提升。江苏、山东路面路状也是如此。

# 4 强化平衡稳定，提升地下工程安全性

## 4.1 地下工程平衡稳定理念

### 4.1.1 地下工程安全性的基本要求

在不良地质环境条件下修建隧道、基坑等工程，如果设计的结构体系合理，并确保施工开挖支护过程中力的合理转移和结构体系变形协调，则其结构体系受力能基本满足设计承载要求。如果设计的结构体系不合理，或在施工过程中开挖支护方法不合理，造成结构体系变形不协调和力不能合理转移，则其结构体系承担了重新分布的应力，就可能出现应力局部集中，导致无法满足设计承载要求。例如某地铁湘湖深基坑开挖，由于前期处理不当导致坍塌，出现了平衡关系重建。不良地质环境条件下的地下工程建设活动，犹如体质不好的人应该注意保养和适度行为，否则过度作为容易诱发并发症，后果很难预料。

地下工程不论是“硬岩中打洞”还是“软土（豆腐）中挖孔”，其基本规律相同，都应遵循“充分发挥围岩的自承能力”和“基本维持围岩的原始状态”的力学原则，不同工况要采用适应环境条件的工法和结构。软弱不良地质环境地下工程全过程存在安全隐患，甚至会出现地下工程结构或局部构件破坏，改进变形协调关系尤为重要。通过工程结构构造的合理设计和综合把握施工工法，满足不同环境条件下的平衡稳定要求，达到结构体系整体共同受力与变形协调和防止薄弱部位或环节的破坏。传统地下工程理论一般对应于平衡与破坏，可能隐含风险；而地下工程平衡稳定理论对应于稳定平衡与变形协调，消除风险隐患，属于安全状态。犹如马克思揭示了社会发展规律应该符合“生产力与生产关系相适应、经济基础与上层建筑相适应”，关键是不同社会发展阶段要构建适合当时生产力发展水平的管理体制，才能达到社会和谐发展。

### 4.1.2 地下工程建设理论的继承与发展

在地下工程建设中，传统“松弛荷载理论”和现代“岩承理论”是在解决特定地下工程建设问题过程中提出的一般性理论，实际应用中有成功也有失败。为了适应地下工程建设条件的变化，需要指导地下工程建设的新理论和新方法。“地下工程平衡稳定理论”正是基于这样的需要而提出的，它基于传统“松弛荷载理论”和现代“岩承理论”等已有地下工程建设理论，结合施工技术发展水平的提高和工程建设环境变化的现实情况，并有效利用“最小耗能原理”，以一般性力学模型研究地下工程建设全过程“稳定平衡与变形协调”互补的问题，以期高效、安全地进行地下工程建设。

地下工程建设理论的共同价值是“充分发挥围岩的自承能力”与“基本维持围岩的原始状态”，达到“稳定平衡与变形协调”互补，维持地下工程围岩稳定。合理的地下工程开挖建设过程，应保证卸载应力合理转移，而不产生有害的围岩与支护结构的破坏，使得需要的支护抗力尽可能小，符合支护能量最小原理的理念。

地下工程开挖过程中形成新的临空面，改变了围岩的自然应力平衡状态，产生应力重分布。在力的转移过程中，围岩变形和局部破坏，都将影响力的转移路径。而围岩的破坏是不可逆过程，如果不能合理控制围岩重分布应力的转移路径，就会引起局部应力集中，导致围岩在施工过程中出现破坏区，甚至出现安全隐患。对于不良地质条件，地下工程开挖支护方式不同，变形特征与卸载方式和力的转移路径就不同。因此，合理的开挖支护方案非常重要，有利于达到力的合理转移和结构受力安全。

根据地质环境的特殊性，从结构与工法等设计方面来控制开挖过程中围岩应力的合理转移路径，选择合理的施工工法和过程控制措施，确保施工全过程“基本维持围岩的原始状态”，不出现应力转移过程中应力集中导致围岩出现局部有危害性的破坏，达到“自力、控变、防塌”目标。因此，需要合理控制开挖步骤和支护方式及时机，达到“稳定平衡与变形协调”状态，才能有效发挥围岩和支护系统的整体承载能力，确保地下工程施工过程安全。

正如国家安全的关键是战略和军事实力，而经济和科技实力等是支撑。工程结构安全的关键是首先要有正确的物理概念，其次通过数值分析和模型试验等有效的控制手段，合理把握全过程力学状态。越是复杂的问题，正确把握物理概念与全过程力学状态和手段有效到位的重要性也就越大。地下工程研究与实践属于半理论半经验方法，犹如灰箱模型，面对问题，坚持基本物理概念与力学方法及整体和联系的哲学思维,尽可能研究灰箱模型内涵,着重研究物质特性、手段效果,采用有效手段控制周边环境与结构共同作用行为更为关键。

### 4.1.3 地下工程建设安全控制的平衡稳定理念

地下工程建设已经完成了从实践到理论的发展,形成许多理论体系,提高、完善和简化地下工程建设理论是当前的发展要求。确保结构的"稳定平衡与变形协调"状态,不仅需要目标控制,更需要围绕目标实现结构安全的过程控制,否则结构就会不稳定或被破坏。

通过对大量国内外经典历史工程的用心观摩与领悟,结合现代力学知识的逻辑分析与判断,可以得出下列结论:整体周边环境(物质、水)稳定平衡是基础,通过整体力学分析确保地层与支护结构组合系统力学状态与变化过程可控是条件,必要时采用有效措施加固维持平衡稳定,使全过程满足围岩与支护结构体系的承载力始终保持大于隧道施工前岩体稳定平衡的原始内力,使得地下工程始终保持"稳定平衡与变形协调"状态,达到地下工程"基本维持围岩原始状态",才能实现在保持围岩承载能力的条件下"充分发挥围岩的自承能力"的目的。

地下工程建设使用全过程都必须满足力学稳定平衡、力与变形协调,以使独立受力的组合结构系统由组合或单件部分受力体转变为整体共同受力体,否则会改变原始力学平衡形式,或出现新的力学平衡形式,甚至丧失稳定性。对于无法实现变形协调的多个独立受力单元的地下工程组合结构系统,避免连接部分开裂是重点。例如连拱隧道与小净距隧道,要提高它们的受力独立性。因此,平衡稳定理念就由稳定平衡拓展到"稳定平衡与变形协调"互补,包括"充分发挥围岩的自承能力"、围岩与支护结构共同构成的极限承载能力 $F$ 始终大于隧道施工前保持原始岩体稳定平衡的原始内力 $P_0$($F > P_0$ 或能量表达形式 $\Delta U > \Delta T$)。地下工程稳定平衡内涵的延伸拓展有:基本维持围岩原始状态、确保围岩不超过极限承载能力、监测只适用于类似结构极值点失稳问题而不适用于类似结构分支点失稳问题、开挖能量最小原理、强预支护理论、结构受力独立性、环境稳定与协调平衡理论等,便于更加全面研究地下工程建设安全等问题。

**【实例4.1】** 青少年人担100斤的重量与壮年人担100斤的能力区别在于具有常态的耐力,而不是非常态的爆发力,以壮年人的耐力要求青少年就可能使身体受到伤害,工程结构设计理念也应具有稳定的常态性。

**【实例4.2】** 从受压杆件丧失稳定问题的分析中可以看到,监测只适用于类似结构极值点失稳问题而不适用于类似结构分支点失稳问题。实际工程中,我们在规划工程设计施工方案时，应该采用结构措施或辅助手段，防止发生类似结构分支点失稳，确保工程施工安全，而不能一味要求通过监控量测实现安全控制。

## 4.2 确保地下工程平衡稳定的工法选择

任何事物演变都遵循“简单(初步认识或研究)—复杂(抓住本质但方法复杂)—简单(抓住本质且方法简单有效)”的发展规律。依据“松散荷载理论”统计地下工程围岩塌方规律的规范值，对大部分地下工程预测评价是可行的，但对于围岩偏差和偏好的情况存在工程风险或支护过度。依据“岩承理论”的新奥法源于硬岩，虽然强调了硬岩与软岩应用有区别，但在不良地质条件下，很难把握围岩与支护共同受力平衡状态的稳定性，地下工程施工安全事故与衬砌开裂现象就说明了其存在的工程风险。基于规范但又宽于规范，在已有地下工程建设理论分析的基础上，以平衡稳定理论的本质把握地下工程建设全过程，建立了更加全面的地下工程平衡稳定理论体系，同时可以较好地解释许多工法和理念的合理性，如取消系统锚杆的措施、合理开挖与支护技术等，以便更好地指导地下工程设计与施工。

“松弛荷载理论”曾经产生过重要影响，作为围岩压力的近似计算方法，应用比较简便，在岩体破碎或浅埋隧道情况下，其计算结果仍有一定的价值，至今仍在一些国家广泛应用。依据“松弛荷载理论”统计地下工程围岩塌方规律的规范值大部分可行，但在没有采用变形协调控制手段修正时，对于围岩偏差和偏好的情况存在工程风险或支护过度的情况。

“岩承理论”中基于围岩位移支护特性曲线(图4.1)进行围岩支护设计存在的主要问题为：支护特性曲线上的 $D$ 点是理论上存在，但实践上无法把握；围岩位移支护特性曲线虽然解决了隧道围岩结构受力平衡问题，但对于软弱围岩等部分体系较难把握隧道围岩结构的平衡稳定性问题。依据“岩承理论”的新奥法源于硬岩，虽然强调了硬岩与软岩应用有区别，但在不良地质条件下，对于类似结构分支点失稳的工程问题，很难把握围岩与支护共同受力平衡状态的稳定性，地下工程施工安全事故与衬砌开裂现象就说明了其存在的工程风险。其中，“充分发挥围岩的自承能力”与“基本维持围岩原始状态”两者互补。因此，“松弛荷载理论”荷载模式犹如抱小孩，而“岩承理论”荷载模式犹如牵小孩。

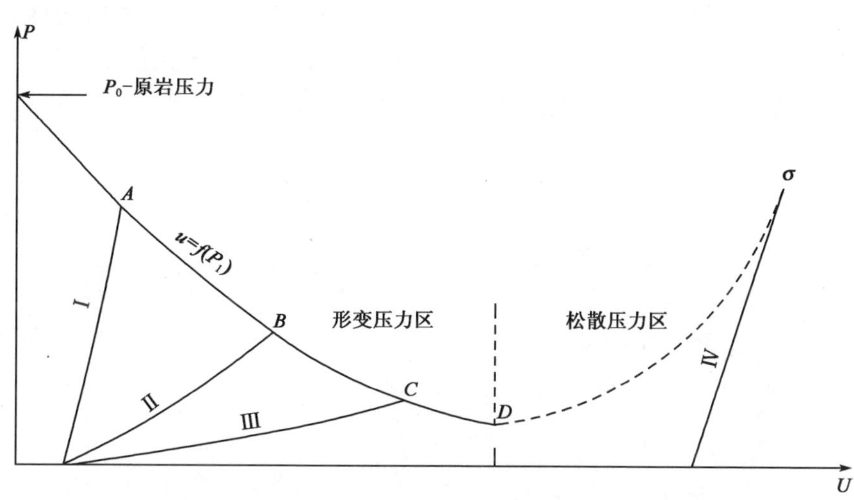


图 4.1 围岩位移支护特性曲线(解决特定地下工程建设问题过程中提出的一般理论,一般对应于平衡与破坏,可能隐含风险)

Ⅰ-刚性支护;Ⅱ-一次锚喷支护;Ⅲ-初喷、二次锚喷支护;Ⅳ-模注支护

地下工程平衡稳定理论在整体周边环境(如物质、水等)稳定平衡的基础上,应通过整体力学分析,研究围岩与支护结构组合系统力学状态与过程,用平衡稳定理论把传统"松弛荷载理论"和现代"岩承理论"的基本内容有机组合起来(图 4.2),同时拓宽了平衡稳定性内容,是对地下工程平衡稳定性的新认识、新理念。其中,地下工程平衡稳定包括两层含义:一是结构受力平衡与变形协调;二是结构受力平衡与变形协调状态的稳定。

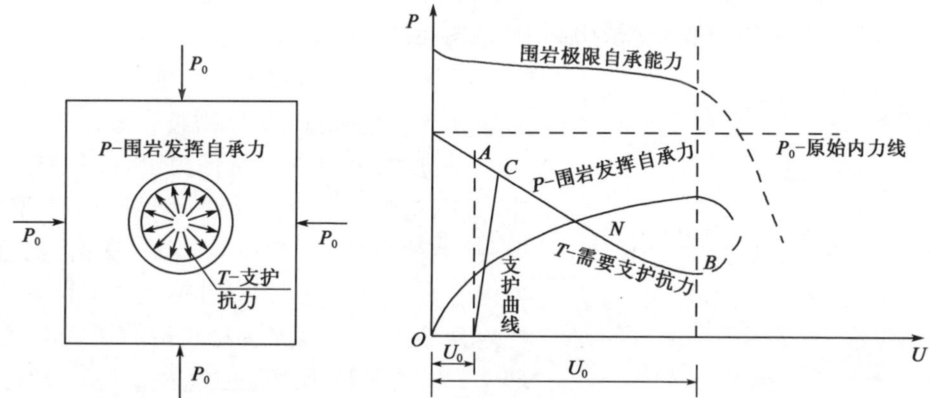


图 4.2 隧道平衡稳定理论的力—位移特征曲线图(以一般性力学模型研究问题提出的理论,对应于稳定平衡与变形协调,消除风险隐患,属于安全状态)

隧道围岩与支护系统共同作用达到“稳定平衡与变形协调”互补，则隧道围岩维持稳定，围岩之间和围岩与支护系统之间的共同作用力会形成合理转移路径，使得支护抗力 $T$ 尽可能小，符合支护能量最小原理的理念。如图 4.3 所示有：

$$P_1\cos\alpha_1 + P_2\cos\alpha_2 + T = W \tag{4.1}$$

式中：$P_1$、$P_2$——围岩反力；

$W$——重力；

$T$——支护抗力（支护抗力 $T$ 尽可能小，符合支护能量最小原理的理念）。

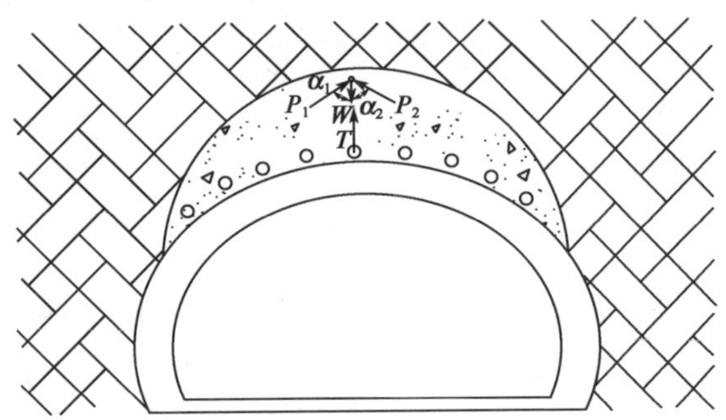


图 4.3 特殊地质围岩隧道预支护原理与力合理转移路径（对应于稳定平衡与变形协调，消除风险隐患，属于安全状态）

$P_1$、$P_2$-围岩反力；$W$-重力；$T$-支护抗力

**【实例 4.3】** 地下水位低的北方地区硬土或南方地区硬黏土等情况应采用浅埋暗挖法；地下水位高的长三角地区软土 $P$ 接近为 0 等情况应采用盾构施工；山城重庆等岩石地区应采用矿山法（新奥法）施工。

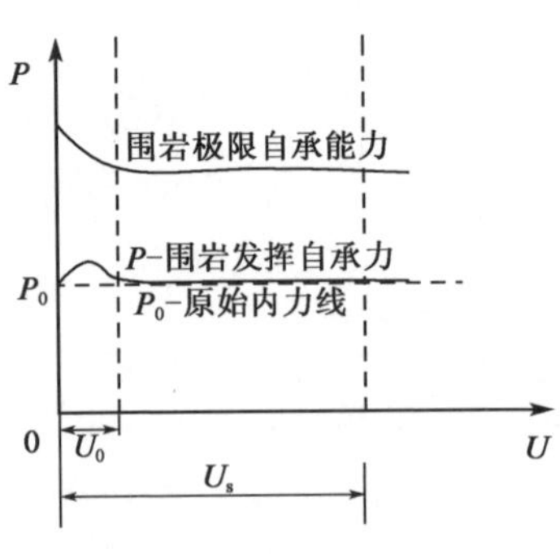


图 4.4 完整围岩的预支护原理曲线

因此，地下工程平衡稳定理论，通过整体力学分析研究地层支护结构组合体系的力学状态与过程，针对围岩特性提出合理的支护要求（图 4.4 ~ 图 4.6），用平衡稳定理论把传统“松弛荷载理论”和现代“岩承理论”的基本内容有机组合起来，同时拓宽了平衡稳定性内容，是地下工程平衡稳定性的新认识、新理念。该成果基于规范但又宽于规范，在已有地下工程建设理论分析的基础上，把平衡稳定理论应用于地下工程，建立了更加可靠

的地下工程平衡稳定理论体系，同时可以较好地解释许多工法和理念的合理性，如取消系统锚杆、合理开挖与支护技术等，可以更好地指导地下工程设计与施工。

保持地下工程平衡稳定的基本要求：

$$F = T + P \tag{4.2}$$

$$F > P_0 \tag{4.3}$$

其中，式(4.3)类似于牛顿第二定律，普遍适用于解决地下工程平衡稳定问题。式(4.3)是不变的，对应于稳定平衡与变形协调，消除风险隐患，属于安全状态，地下工程平衡稳定理论表现形式随着“具体问题具体分析”而变化。

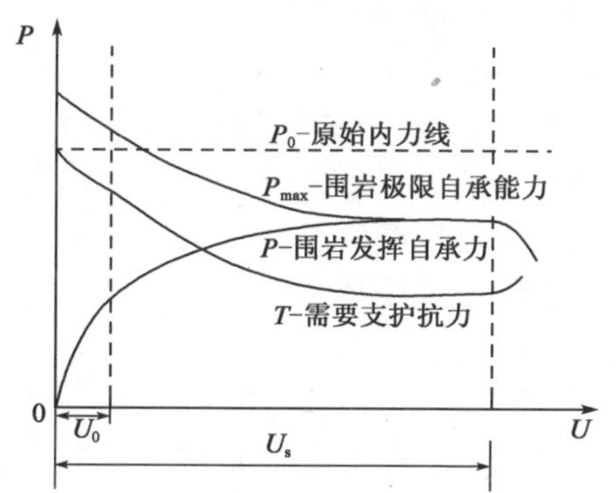


图4.5 有一定自承能力围岩的预支护原理曲线

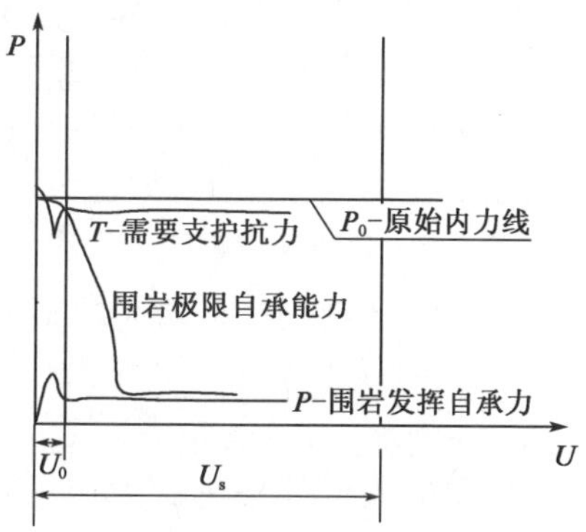


图4.6 自承能力很差的围岩的预支护原理曲线

**【实例4.4】** 盾构法隧道施工，主要包括4道工序，即开挖控制(保头)、管片拼装、注浆填充(护尾)、施工量测。而我们通常所说的“保头护尾”，就是开挖控制和注浆填充工序中应注重的方面，就是确保环境稳定和实现协调平衡的地下工程建设环境稳定与协调平衡理论的具体体现。

## 4.3 地下工程设计思路与工法选择

### 4.3.1 地下工程设计思路与工法选择的基本理念

随着经济社会发展水平的提高，地下工程建设需要更多地适应工程规划，大多数地下工程建设不具有选址条件，工程建设场地的地质条件日趋复杂，更多地涉及破碎围岩和软弱围岩、地下水富集区、偏压、高地应力等。同时，地下工程建设对环境影响的控制要求更为严格，如下穿既有构筑物等情况下需严格控制地表变形、运营隧道旁修建新隧道需严格控制爆破震动和围岩变形。复杂的地质条件和严格的工程环境要求，使地下工程建设难度越来越大。体现在地下工程开挖施工无法寻求普适性工法，需要根据工程地质条件、开挖施工技术水平、环境要求等，以平衡稳定理论为指导，适应施工环境条件和地质环境条件的特点，结合施工装备条件和施工技术经验，选择最优工法，以求达到理论方法、技术手段和施工条件的合理统一。

### 4.3.2 地下工程设计思路与工法选择的发展

自然界的岩土体无论强、弱、完整、破碎，经过漫长的地质年代都形成了稳定的自然应力平衡状态。然而，地下工程开挖会形成新的临空面，改变围岩原有的应力平衡状态，产生应力重分布，从而引起围岩发生变形，产生塑性区，甚至造成局部破坏。局部围岩破坏后退出工作状态，力的重分布从而再次转移，引起破坏处的应力集中，如未及时采取措施，会导致围岩在施工过程中出现过量的破坏区，甚至出现安全隐患。因此，如何在围岩产生局部破坏之前或在局部破坏扩大之前，及时、有效地控制力的传递路径是维持地下工程平衡稳定的关键。

为实现这一目标，相继诞生了以“普氏理论”和“太沙基理论”为代表的“松散荷载理论”，该种理论认为作用在支护结构上的竖向荷载就是围岩在一定范围内由于松弛并可能塌落的上覆岩土层的重量。松散荷载理论在统计地下工程围岩塌方规律的规范值、计算松动围岩荷载等方面是切实可行的，但对于围岩偏差和偏好的情况存在工程风险和支护过度。随后发展而来的“岩承理论”，认为是岩体自身有承载自稳能力，围岩和支护结构共同承担由围岩变形带来的荷载，更接近现在隧道工程的理念。

以荷载理论为指导，逐渐形成了地下工程的施工方法，目前影响力最大的工法是以“岩承理论”为指导的“新奥法”。新奥法源于硬岩，虽然强调了硬岩与软岩应用有区别，但在不良地质条件下，很难把握围岩与支护共同受力平衡状态的稳定性，地下工程施工安全与衬砌开裂现象就说明了其存在的工程风险。新奥法的原则“充分发挥围岩的自承能力”中的“充分”在理论上可行，但在实际施工中很难把握。

因此，我们提出了用“基本维持围岩的原始状态”和“确保力的合理传递路径”的原则来代替“充分发挥围岩的自承能力”。这里指的“原始状态”即围岩的自然平衡状态，如果不能“基本维持围岩的原始状态”，会造成围岩的局部破坏，增加支护结构上的荷载。“力的合理传递路径”即自然平衡状态下力的传递路径。隧道开挖后,引起围岩的塑性变形,由于塑性变形过程的不可逆性使得弹性力学的叠加原理不再适用,因此选择合理的施工工序、进行过程控制才能保证“确保力的合理传递路径”。“基本维持围岩的原始状态”和“确保力的合理传递路径”的核心都是围岩的稳定平衡,这一点与新奥法的“充分发挥围岩的自承能力”是一致的。

为确保围岩和支护结构在地下工程施工全过程中保持稳定平衡,“基本维持围岩的原始状态”和“实现开挖卸载应力的合理转移”的原则,以“最小耗能原理”来预防围岩结构以最小耗能的方式进行损伤直至破坏,根据不同的工程地质条件合理地选择开挖支护方案,并在开挖过程中进行过程控制,应该成为施工开挖工法选择的指导思想。在此基础上,针对工程环境条件和地质环境条件,结合施工技术条件和经验,选择合理的施工工法。建立上述清晰的工法选择思路,不仅有利于选择正确的地下工程施工开挖方案,还将有利于提高施工经验的积累,以及有利于工法思想的贯彻实施。

### 4.3.3 不同地质环境条件下的工法选择要点

(1)较好围岩条件下的工法选择要点

对于自承能力较好的围岩(Ⅰ~Ⅲ级,较好的Ⅳ级围岩),应采用先开挖后支护的方案,遵循“最小能量原理”,尽量减少对围岩的扰动。可根据岩石的强度、完整性和施工条件等进一步细化开挖支护方案,如图4.7所示。全断面开挖[图4.7a)]在实际工程中最为常用,具有工序简单、施工快捷等优势,但也需要根据岩石的自承能力好坏选择开挖的进尺,切忌大进尺冒进施工。在自承能力稍差的围岩中施工时,宜选用台阶法[图4.7b)],上台阶开挖后及时锚固,以控制塑性圈范围。为了减少对环境的扰动,也可以选择超前导洞施工工法[图4.7c)]。导洞开挖后,导洞周围的围岩发生松动变形,可以减少剩余断面的爆破药量和开挖耗能,同时也减少了对周围环境的扰动。

(2)较差围岩条件下的工法选择要点

对于自承能力较差的围岩(较差的Ⅳ级围岩和Ⅴ、Ⅵ级围岩),应采用先预支护后开挖再强支护的方案,如图4.8所示。支护结构承担的荷载可根据太沙基理论(浅埋)或普氏理论(深埋)来计算,计算得到的荷载需乘以0.4~0.6的应力释放系数。预支护的形式,可根据围岩自承能力的强弱选择超前锚杆、超前小导管、超前管棚、超前大管棚等。断面的开挖可根据初始应力环境和施工条件选择环形开挖留核心土法、台阶法、两侧导洞法、CD法等不同的开挖工法,开挖进尺也必须严格控制。

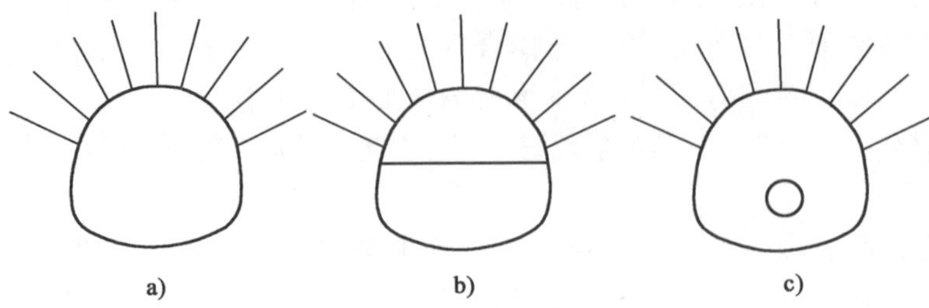


图 4.7　较好围岩施工工法示意图

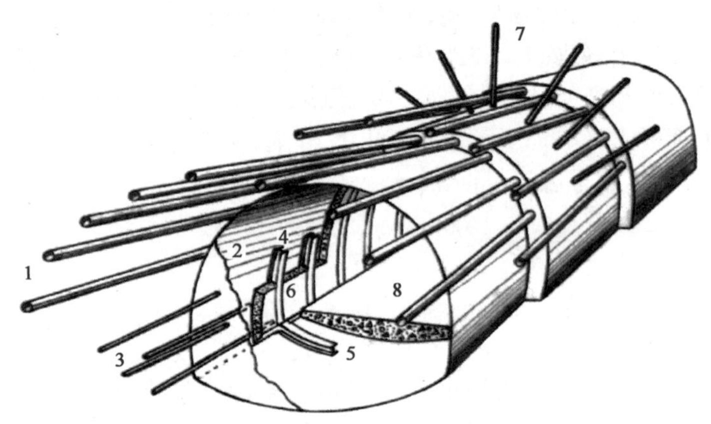


图 4.8　较差围岩施工工法示意图

1-超前管棚;2-初喷混凝土;3-注浆玻璃纤维管;4-钢拱架;5-仰拱支撑;6-二次衬砌喷射混凝土;7-锚杆;8-仰拱衬砌

(3)地下水环境下的工法选择要点

施工中应注意封闭地下水,防止岩土颗粒的流失。仅仅通过超前注浆无法保证隧道周围形成封闭的注浆体环,需要在开挖后通过注浆锚杆或小导管注入水玻璃、加速惰性浆液的凝固,做到水过而颗粒不流失,确保围岩初始结构和力的合理传递。

总之,地下工程设计和施工没有普适性的工法,而应以地下工程平衡稳定理论为指导,以“基本维持围岩的原始状态”和“确保力的合理传递路径”为原则,以“最小耗能原理”来预防围岩结构以最小耗能的方式进行损伤直至破坏,选择出最适合施工条件的工法,以求达到理论、工法、地质与环境要求的最佳平衡点。

## 4.4 地下工程施工典型破坏案例分析

### 4.4.1 围岩的累进性破坏

围岩的塑性区发展过程见图 4.9。

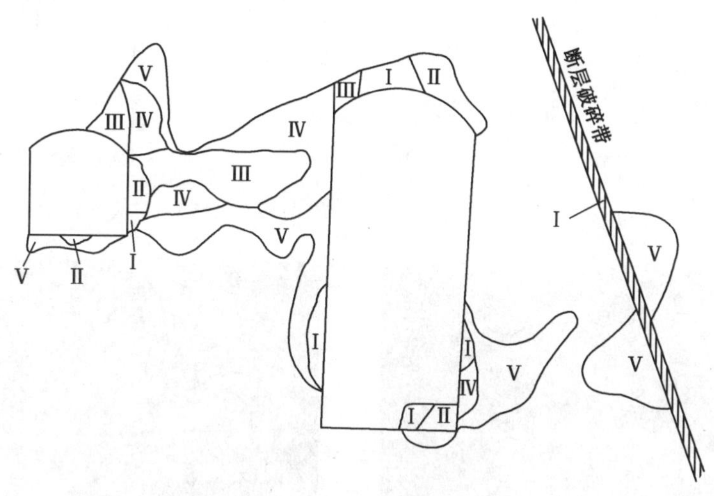


图 4.9 围岩的塑性区发展过程
（Ⅰ～Ⅴ塑性区发展次序）

围岩因强度不足而出现破坏是一个累进性的过程，从图 4.9 中可以看出，最初出现的破坏区（Ⅰ）范围很小，围岩可保持整体稳定性，但随着破坏区的应力向邻区转移，依次产生Ⅱ、Ⅲ、Ⅳ及Ⅴ破坏区，围岩破坏累进性地发展到了很大的范围。针对这种情况，如果先行充分加固作为破坏区发展的初始部位，就可减缓围岩破坏的累进性发展过程，并大幅度减小最终破坏区的范围，如图 4.10 所示为在先行加固初始破坏区（Ⅰ）的条件下，破坏区范围明显减小。如果先行适当地扩大范围充分加固潜在破坏的薄弱区，则可完全防止围岩破坏的发生和累进性破坏的出现（图 4.11），保证围岩的稳定性。

### 4.4.2 施工过程中支护系统平衡稳定条件破坏

某深基坑出现了严重的塌陷事故（图 4.12）。究其原因，关键是平衡稳定性条件在施工过程中出现了不利的变化。如图 4.13 所示，从基坑破坏前的支护体系中可以看到，如果基坑两侧壁不发生旋转变形，而只发生向基坑内的水平位移，其支护系统将能有效提供支撑力。但从破坏后的基坑边墙旋转变形情况就可以清楚地看到（图 4.14），由于施工开挖基坑引起的坑壁变形并非只发生向基坑内的水平位移，这就导致基坑支护体系的平衡条件受到破坏。

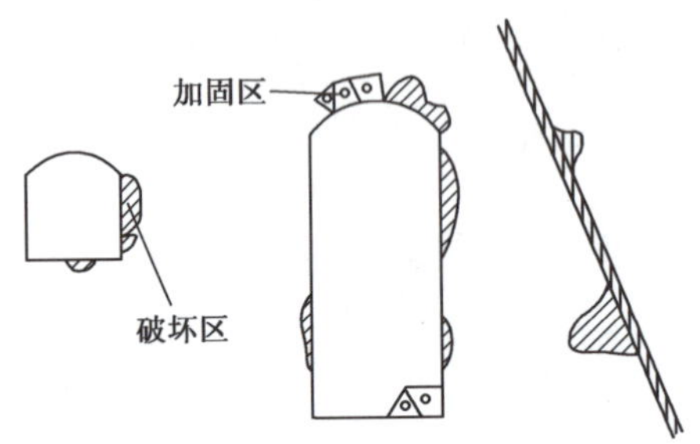


图 4.10 先行加固破坏区发展的初始部位

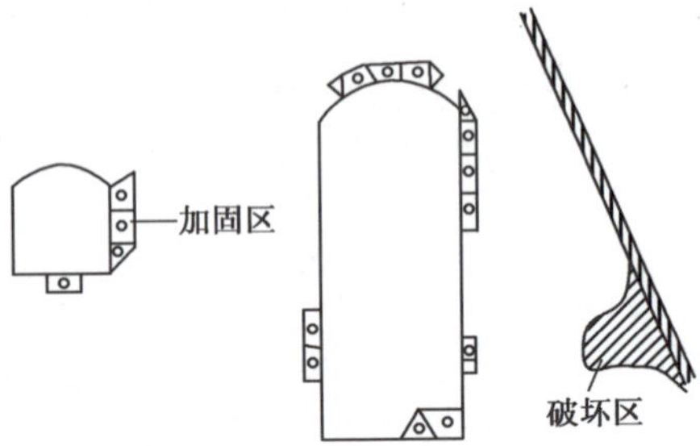


图 4.11 先行适当扩大范围充分加固薄弱部位

a)

b)

图 4.12 深基坑塌陷现场与支护体系破坏情况

图 4.13 破坏前部分支护体系情况

图 4.14 基坑边墙的旋转变形情况

防止发生破坏基坑的开挖方式是采用台阶法开挖，逐段封底坑底，如图 4.15所示。随着开挖过程推进，基坑底部范围扩大。由于工程区土的力学性质差，如图4.16所示，深基坑底部失稳突泥，土体变形改变了原来结构荷载向下传递的作用力方向，形成向下和侧向并存的作用力，而深基坑支护体系不具备整体性，不能控制基坑底部失稳突泥的影响，就导致基坑边墙发生转动变形（图4.16），上部支撑杆由受压承载的稳定状态转变为处于受拉脱离状态而掉落，引起支护系统失效。

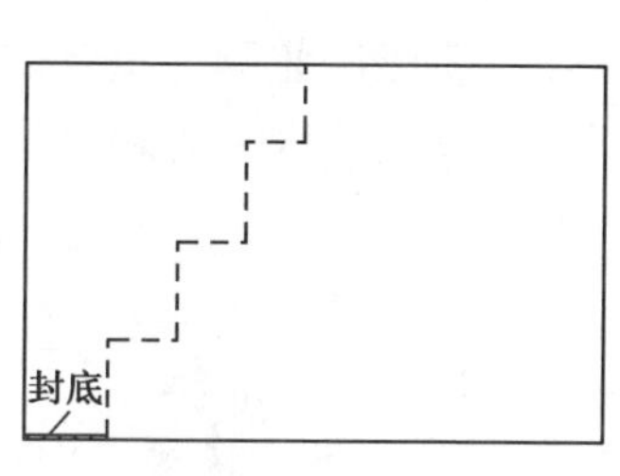


图4.15　台阶法开挖，逐段封底

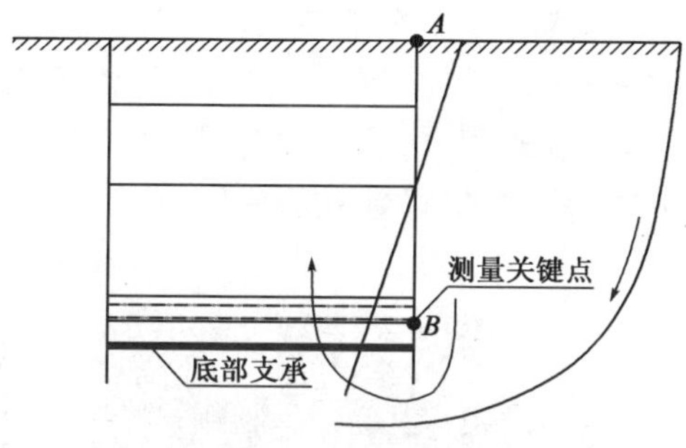


图4.16　深基坑失稳机制分析示意图

在不良软弱地质环境深基坑设计和施工过程中，控制底部失稳突泥和支护体系整体性至关重要。该深基坑出现严重塌陷事故的核心是岩土体与支护结构组合体系缺乏足够的变形协调能力（即薄弱部位或环节是支护结构稳定和防止底部失稳突泥，不能达到岩土体和支护结构整体共同受力，而诱发不利作用力和能量都向结构的薄弱部位转移或集中）。控制岩土不利变形防止出现新的受力状态（即使设计状态受力与实际状态受力相同），即"综合把握施工工法与工程结构构造合理和材料特性与环境条件，达到整体共同受力与变形协调以及防止薄弱部位或环节"很重要。

在工程系统设计中做到"结构合理、风险可控"很重要，深基坑顶层支护在开挖过程中受力是变化的，甚至出现拉压相反的变化，这样顶层支护合理，结构应该能承担拉压相反变化的力，从物理概念综合定性判断必须满足，才能进行力学分析，否则可能出现结构设计施工虽然满足稳定平衡，但是风险不可控的不安全状况。本工程属于"实际工程结构施工和使用过程中还存在从稳定平衡到不稳定平衡的亚稳定平衡状态。"专家提出了该在建深基坑工程必须遵循的三点原则：①基坑的开挖必须分层、分段，且开挖暴露时间不宜过长，每次分层开挖控制在3m，分段开挖保证在15～20m；②基坑必须先支撑后开挖，并把握好支撑的细节，基坑的变形要求在受控状态；③注意在雨天环境下基坑的及时排水，在完工后，要立即加固混凝土，确保基坑不变形。这三点原则基本符合基坑与支护系统受力平衡状态稳定性要求。

### 4.4.3 相邻工程施工影响已建工程平衡稳定状态

2009年6月27日上午6时左右，一幢13层在建商品楼发生倒塌事故，造成一名工人死亡，如图4.17所示。根据政府公布的调查结果：房屋倾倒的主要原因是紧贴7号楼北侧在短期内堆土过高，最高处达10m左右。与此同时，紧临大楼南侧的地下车库基坑正在开挖，开挖深度达4.6m，加之支护工作不到位，地基位移过大，大楼两侧的压力差使土体产生水平位移，致使楼房北侧防汛墙被挤倒。防汛墙的倒塌，使土体对楼房向前倾斜的抗力消失，过大的水平力超过了桩基的抗侧能力，最终导致房屋倾倒。

a)

b)

图4.17 某地下车库施工中导致附近房屋倒塌

调查发现的基本现象：在不良软弱地质环境下，凡是地下基坑开挖工艺与支护结构合理，使得围岩与支护结构共同作用受力平衡状态处于稳定，工程进展顺利、质量安全良好；大量破坏现象的发生则是由于不满足整体稳定平衡。如图4.18a)所示，由于在建地下车库边墙失稳，土体变形改变了原来结构荷载向下传递的作用力方向，形成向下和侧向并存的作用力，又受堆填土侧向力作用，即使没有堆填土侧向力作用，PHC管柱抗侧倾能力低等也可能导致房屋倒塌；其核心是地下车库基坑开挖过程中，岩土体与支护结构组合体系缺乏足够的变形协调能力，薄弱部位或环节是地下车库边墙支护结构稳定性不足，不能达到岩土体和支护结构整体共同承载能力达到平衡稳定要求，导致不利作用力和能量向结构的薄弱部位转移或集中。控制岩土变形过量发展，防止出现新的受力状态（保证设计状态受力与实际状态受力相同），即“综合把握施工工法与工程结构构造合理和材料特性与环境条件，达到整体共同受力与变形协调以及防止薄弱部位或环节”很重要。本工程的破坏属于“实际工程结构施工和使用过程中还存在从稳定平衡到不稳定平衡的亚稳定平衡状态。”图4.18b)所示的在建地下基坑同样处于不良软弱地质环境且旁边高楼林立，施工过程中，开挖工艺与支护结构合理，基坑边墙稳定，确保了原向下作用力的转移路径和原始相互作用力状态，保证了附近房屋的稳定与安全。

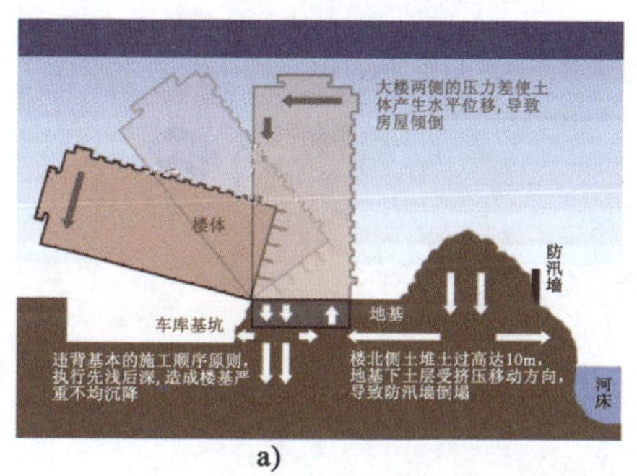

a)

b)

图 4.18 基抗开挖导致房屋倒塌与合理开挖支护保证附近房屋稳定与安全

## 4.5 隧道塌方空洞处置的平衡稳定理论应用案例

### 4.5.1 分析隧道结构平衡稳定性的能量方法

对于山体隧道的较大塌方空洞且地面变形要求不高的情况，可在隧道外缘采用管棚支护和插板形成棚架起支护作用，而塌方空洞采用充填轻质材料控制塌方空洞扩大和掉块，同时减轻支护荷载，达到限制塌方空洞的不利影响。上述措施本质上是确保 $\Delta U > \Delta T$，其途径是通过管棚支护和插板形成棚架，起支护作用，提高系统抗力做功 $\Delta U$，通过充填轻质材料控制塌方空洞扩大和掉块，减轻支护荷载，减少荷载做功 $\Delta T(\Delta T = P\Delta S_1 + W\Delta S_2)$，防止不利作用力和能量向结构的薄弱部位转移或集中。

### 4.5.2 隧道坍塌处理应用案例

图4.19 为永加隧道的塌方情况，该隧道掘进到 K16 + 183 掌子面时，造成洞顶塌方，塌方纵向宽约 11m，横向宽约 10m，高 22m，体积约 2 420m$^3$。经地表地质调查发现，在 K16 + 183 掌子面附近遇一隐伏断裂构造，走向北东，倾向北西，岩石中破碎夹层较多且部分厚度较大，破碎地段岩石稳定性差，塌方处剩余厚度 4.0m，塌腔厚度 3.5m，其下部为塌方堆积物，有冒顶现象。

处治方案：隧道塌方的处治方案采用管棚穿越塌方区，在管棚上方空腔中注满泡沫混凝土，待混凝土强度达 70% 后进行下一步作业。泡沫混凝土填充后，能够防止空腔内的破碎岩体继续坍塌,同时也减轻了管棚上方的荷载,确保围岩和支护结构的安全。

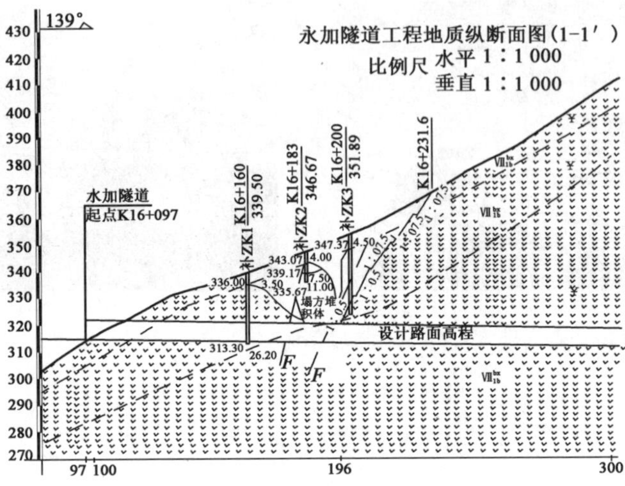


图 4.19　掘进中的永加隧道突然发生体积约 2 420m³ 塌方

# 平衡稳定理论在盾构法隧道中的应用

## 5.1 盾构法隧道工程技术难题

近年来,盾构法设计施工技术得到了长足的发展,在上海、广州、北京、南京城市地铁建设中积累了丰富的工程经验,但是进行江、河等下穿施工时,无论采用土压平衡盾构还是泥水平衡盾构,仍然面临着一些平衡稳定方面的困难与风险。

### 5.1.1 隧道上浮问题

隧道结构通常是薄壁空心结构,处在水下时受到的浮力约等于其排开水的重力,当隧道管片自身重力和上覆土重力之和小于隧道所受浮力时,即产生上浮现象。为了减小线路坡度,降低工程造价,缩短工期,隧道在河底处上覆土通常较浅,往往达到浅覆土和超浅覆土程度。上覆土重力通常无法平衡隧道上浮力,隧道极易上浮,进而造成管片错台、破裂,施工轴线偏离设计轴线,甚至造成上覆土失稳破坏等问题。

### 5.1.2 盾头泥水压力和盾尾注浆压力控制困难

泥水平衡盾构施工时,盾头泥水压力应与开挖处的水土压力相平衡,开挖处水位越深,所需泥水压力也越大。河底处隧道上覆土较浅且松散,当泥水压力不足时,容易发生沉陷失稳;泥水压力偏大时,容易造成上覆土的劈裂破坏,从而引起隧道涌水、上覆土失稳等工程风险。在泥水平衡盾构或土压平衡盾构施工时,同步注浆和二次注浆的注浆压力选择也会面临同样的困难。

### 5.1.3 河底粉砂质土液化破坏

粉砂质土在河底水流长期作用下通常结构松散,抗液化能力较差。盾构开挖时刀盘转动切削土体的切削力和挤压扰动,加上较高的水头压力,容易造成河底土体液化。土体液化如不能得到有效控制,将造成局部掏空、隧道沉陷破坏等风险。

### 5.1.4 下穿河岸构筑物时的变形控制

河岸一般有防洪堤坝、文物古迹、景观建筑等对地表变形要求较高的构筑物,盾构施工时须格外当心。盾构下穿时,如盾头压力控制不当、盾尾密封性能不佳、盾尾注浆不及时充分,易造成堤岸处地表的隆起或沉降,从而危害既有构筑物的使用和安全。

虽然过江盾构隧道建设过程中存在各种各样的困难,但是随着我国各地工程实践的开展,工程人员应充分发挥聪明才智,针对隧道所处地层特点分别采用泥水平衡盾构或土压平衡盾构分别完成微、小型管线盾构隧道(如西气东输过长江、钱塘江盾构隧道),中型的地铁盾构隧道(武汉地铁 2 号线过江区间隧道、杭州地铁 1 号线过江区间隧道),大型的市政道路隧道(如武汉长江隧道、杭州钱塘江上庆春路隧道,上海黄浦江上翔殷路隧道),超大型的单层或双层盾构隧道(如上海长江隧道、上中路隧道,南京长江隧道及杭州钱江隧道)。其中,典型的有上海黄浦江上翔殷路隧道、武汉长江隧道、杭州钱塘江上庆春路隧道、上海长江隧道。目前,国内大型尤其是超大型盾构隧道的建设长度即将超过国外超大型盾构隧道的建设长度总和。因此,地下盾构隧道工程平衡稳定理论的总结也逐步积累了较多的工程实践经验,并将综合应用于这一理论去指导后续工程的实践,为盾构隧道工程的建设提供安全的理论基础及操作要点。

## 5.2 盾构机选型

不同类型的盾构机适用的地质类型是不同的,盾构机的选型必须做到针对不同的工程特点及地质特点进行针对性方案设计,才能使盾构机更好地适应工程。土压平衡盾构和泥水平衡盾构在稳定开挖面、适应地质条件、抵抗水压、控制地表沉降、渣土处理、施工场地、工程成本等方面都有较大差异,各有其适用范围,对两种盾构法进行综合对比分析,其结果见表 5.1。

### 5.2.1 不同类型的盾构法与地层稳定性的关系

不同类型的盾构法对地层稳定性有一定的适应范围(表 5.2),土压平衡盾构法最适应于细颗粒地层，切削的渣土易获得塑性流动性和不透水性，盾构切口面支撑力易平衡并稳定住切口面的水土压力，地层的弱透水性也不至于造成螺旋出土机渣土口部喷水而失去土体平衡。而泥水平衡盾构法既适用于细颗粒地层，也适用于较粗颗粒地层，在砂土地层易形成泥膜，气压泥水仓的泥水压力较易平衡盾构切口面受到的水土压力。

**泥水平衡盾构法和土压平衡盾构法对比** 表5.1

| 比较项目 | 土压平衡盾构法 | | 泥水平衡盾构法 | |
|---|---|---|---|---|
| | 简 要 说 明 | 评价 | 简 要 说 明 | 评价 |
| 稳定开挖面 | 保持切削土舱压力支持开挖面土体稳定 | 良 | 有压泥水使开挖面地层保持稳定 | 优 |
| 地质条件适应性 | 在砂性土等透水性地层中要有特殊的措施 | 良 | 适应性较强 | 优 |
| 抵抗水压 | 靠土舱压力及泥土的不透水性能抵抗水压 | 良 | 靠泥水在开挖面形成的泥膜和泥水压力抵抗水压 | 优 |
| 控制地表沉降 | 保持土舱压力，控制推进速度，维持切削量与出土量相等 | 良 | 控制泥浆质量、压力及推进速度，保持进、排泥量的动态平衡 | 优 |
| 渣土处理 | 直接外运 | 简单 | 进行泥水分离处理 | 复杂 |
| 施工场地 | 占用施工场地较小 | 良 | 要有较大的泥水处理场地 | 差 |
| 设备费用 | | 稍低 | | 稍高 |
| 工程成本 | 减少了泥水处理设备，设备及运行费用低 | 低 | 增加了泥水制作、输送及泥水分离设备，设备及运转费用高 | 高 |

**盾构法类型与地层的适应性** 表5.2

| 项 目 | 土压平衡盾构法 | 泥水平衡盾构法 |
|---|---|---|
| 粉质黏土层<br>中密粉土层<br>中密粉细砂<br>密实粉细砂<br>中密中粗砂<br>密实中粗砂<br>可塑粉质黏土层<br>卵石层<br>泥质粉砂岩<br>夹砂岩、页岩 | 能适应黏土、砂土、砂砾等各种地质。需要向开挖仓中注添加剂，改善渣土的性能，使其成为具有良好塑流性、低摩擦系数及止水性的渣土 | 能适应粉质黏土、粉细砂、中粗砂、卵石层、岩层等各种地质。需向开挖仓中注入泥浆，适合开挖面难以稳定、滞水砂层、砂砾层、含水率高的地层及隧道上方有水体的场合，对于泥质粉砂岩夹砂岩、页岩开挖破碎可能会有大颗粒渣土，排泥管路需要考虑破碎设施 |

续上表

| 项　　目 | 土压平衡盾构法 | 泥水平衡盾构法 |
| --- | --- | --- |
| 措施 | 需采用特殊措施 | 适应性好 |
| 结论 | 较差 | 最好 |

### 5.2.2　盾构机选型与地下水压及渗透性的稳定关系

地层渗透系数对于盾构机的选型是一个很重要的因素。根据欧美和日本的施工经验,两种盾构机能够适应的地层渗水系数范围如图5.1所示。当地层的透水系数小于$10^{-7}$m/s时,可以选用土压平衡盾构法;当地层的透水系数大于$10^{-4}$m/s时,宜选用泥水盾构法;当地层的渗水系数在$10^{-7}\sim10^{-4}$m/s之间时,既可以选用土压平衡盾构法也可以选用泥水式盾构法。

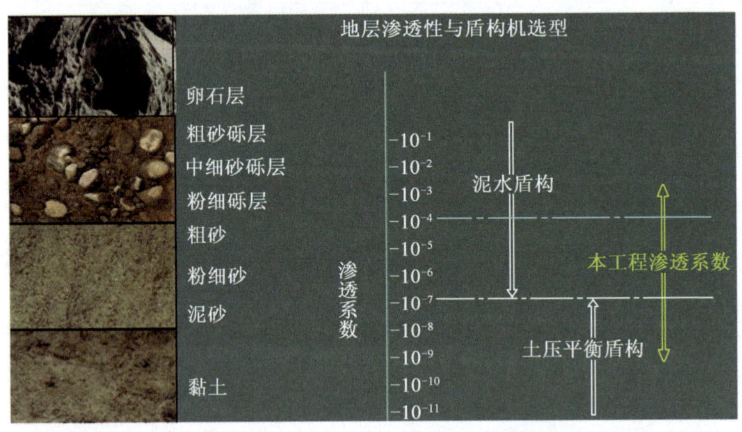


图5.1　地层渗透系数与盾构机选型关系示意图

此节可参考王梦恕院士的《中国隧道及地下工程修建技术》著作。在盾构机的实际选型中,除了考虑设备相对于地质特性的适应性及可行性外,由于盾构设备造价高,还得注重设备的经济性以及控制环形变形的能力、施工场地大小、渣土处理及运输条件等因素。

## 5.3　盾构隧道的稳定平衡与环境协调性

盾构法隧道施工,主要包括4道工序,即开挖控制(保头)、管片拼装、注浆填充(护尾)、施工量测。而我们通常所说的"保头护尾",就是开挖控制和注浆填充工序中应注重的方面。

### 5.3.1 盾构隧道施工全过程平衡与稳定

无论土压平衡盾构机还是泥水平衡盾构机，都需要保持开挖土体的稳定，即在盾构土仓内以加注的泥浆或切削的土砂为介质建立压力，以此来平衡开挖面所释放的土压及水压，从而保持开挖面土体的稳定（图5.2）。

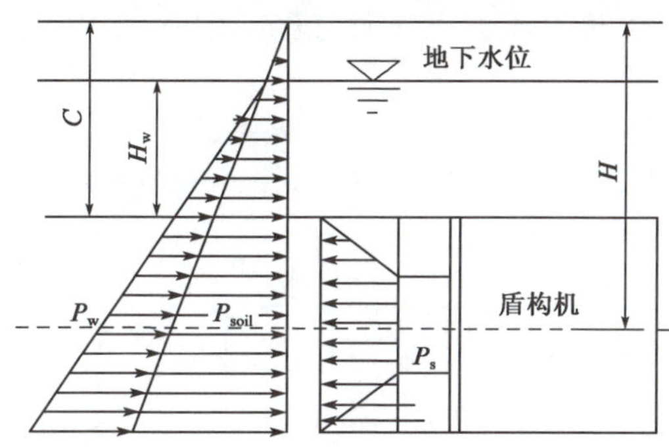


图5.2 盾构开挖面稳定示意图

盾尾为避免泥水及周围水土由管片与盾壳内面间的空隙进入隧道内，采取多道弹性钢丝刷+密封油脂相结合的方式进行密封。因此盾构机通过前部封闭的土仓与盾尾刷+油脂腔的密封结构，在盾构隧道与周边水土间形成了一个平衡的封闭空间（图5.3），从而保护盾构隧道的掘进施工。

图5.3 盾构隧道掘进施工与周围水土平衡关系图

无论是土压平衡盾构还是泥水平衡盾构，由于盾壳厚度与盾尾间隙而导致管片与土体间存在空隙，因此必须采用同步或其他方式注浆充填空隙。

软土盾构隧道管片(必要时加现浇混凝土内衬)衬砌结构需要承受全部的水压及周边土压(图5.4),隧道衬砌结构对周边水土压力的支护实际上属于强支护范围,必须满足结构强度、刚度及稳定性的要求。由于城市盾构隧道埋深相对山岭隧道而言一般埋深较浅,因此,其上部土荷载通常根据土的性质及覆土厚度 $H$ 与盾构直径 $D$ 的关系,来确定土荷载大小。当上部为塑性黏土时,则全计算覆土荷载;当上部为砂土时,设计中当 $H/D$ 大于2时,按松弛荷载理论考虑上部2倍的覆土荷载;当 $H/D$ 不大于2时,按全覆土厚度考虑土荷载。

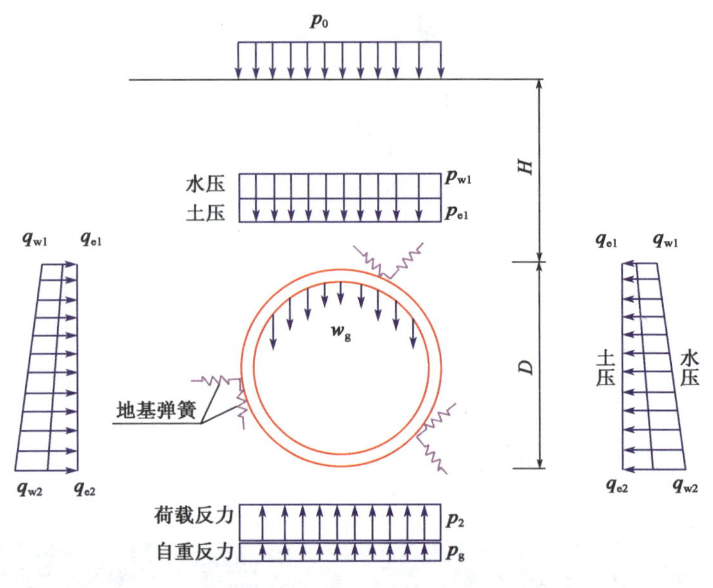


图5.4 盾构隧道荷载系统示意图

就盾构隧道施工而言,保持开挖面土体的稳定是至关重要的,即"护头",这就需要根据隧道的水文地质情况,适时调整盾构土压仓或泥水仓内的压力,并保持平衡,使开挖面土体稳定。

泥水式盾构的开挖面稳定机理为:①在开挖面处形成一层难透水的泥膜;②随着泥浆向土体渗透,泥浆中的细颗粒成分进入土体的空隙中,增加了土体的强度;③调节流体输送泵的转数(或气体压力泵),给泥水仓内的泥浆施加压力,可控制开挖面的土压及水压。某大型泥水盾构的施工控制状态见图5.5。因此,对于泥水盾构,必须根据盾构掘进的水文地质条件,合理确定泥浆的相对密度、黏度等参数,保持开挖的泥水稳定压力与开挖面土体的稳定平衡。

土压式(加泥式)盾构的开挖面稳定机理为:①根据隧道掘进地层性质,通过刀盘及搅拌叶片强制搅拌已开挖的土砂(或加入添加剂改良成有塑性流动性及止水性的泥土);②将泥土充满土仓室及螺旋输送机内部,利用盾构千斤顶的推力传递至刀盘或土仓并对泥土施压,保持开挖面的土压及水压平衡,从而保持开挖面土体的稳定。

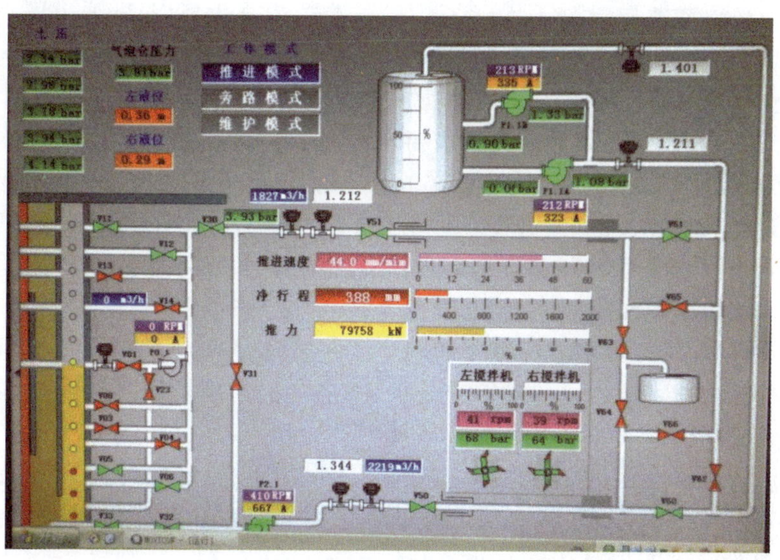


图 5.5 某大型泥水盾构的施工控制示意图

盾构隧道施工中,由于盾尾密封失效引起的事故后果很严重,特别是在水下施工或穿越重要的建(构)筑物施工时,有时是灾难性的。因此,“护尾”以保持盾尾的密封性,使盾尾土体及隧道管片稳定平衡也极为重要。利用油脂充满盾尾刷间的油脂腔,并产生一定密封压力,以平衡盾尾部的水土压力(图 5.6)。

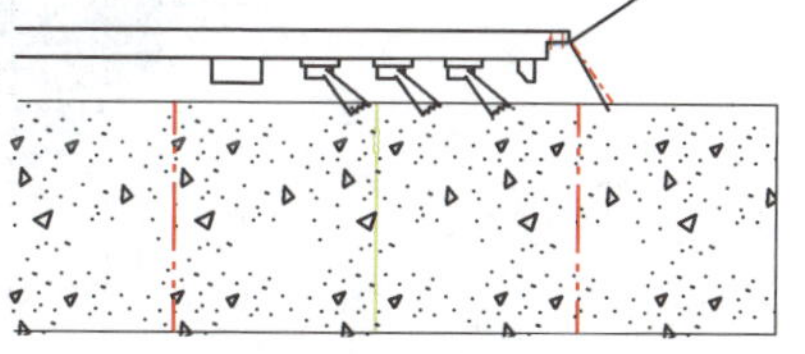

图 5.6 油脂平衡盾尾水土压力示意图

由于盾构隧道是在不停的掘进过程中,一定范围内盾构隧道的平衡与稳定实际上是一个动态的平衡与稳定,必须靠盾构机各系统有效的运转(如泥土加压或泥水加压、千斤顶系统加压、螺旋机或排渣泵的出土量控制、盾尾油脂系统等)来综合保持盾构施工全过程处于稳定平衡状态。因此,从施工实际而言,盾构隧道稳定平衡问题是一个多因素影响的极值点失稳问题,保持稳定平衡须控制多方面的因素,但同时要防止支护结构体系局部分支点失稳,避免局部失稳引起整体失稳。

### 5.3.2 盾构隧道施工的环境协调性

盾构隧道施工中，如果仅是“保头护尾”，则只是保证了盾构隧道自身施工阶段的平衡与稳定，而隧道施工也不应对周边环境造成不良影响。因此，盾构隧道施工中必须考虑与周围环境的协调性，保护隧道周边环境，即隧道周边建设环境也应是稳定平衡的。正如正常人依靠两条腿平稳走路一般，盾构隧道施工中的平衡稳定性及环境协调性就是保证施工安全的两条腿。

盾构隧道施工的环境协调性，主要表现在盾构隧道施工对周围土体的变形影响及建（构）筑物的沉降、倾斜影响。当隧道线形、盾构外径、覆土厚度等外在条件随隧道实施方案稳定后，隧道对周围环境影响的协调性主要体现在施工中，如开挖面的稳定性不足引起的开挖面坍塌，施工漏水引起地下水位降低，盾构的推力过大致使开挖面隆起，盾构的超挖、盾构施工对周围土体过大的扰动等；此外，盾构通过后的尾部空隙所涉及的同步注浆材料、注浆压力、衬砌的变形，二次注浆的范围、材料、压力以及衬砌的漏水等，都会引起盾构通过后隧道周围土体的变形或建（构）筑物的不均匀沉降或倾斜。

盾构隧道邻近建（构）筑物的基础施工时，盾构切口面的过大推力引起建（构）筑物基础的附加应力会对建（构）筑物产生影响，图5.7所示为盾构施工与建（构）筑物基础的关系。

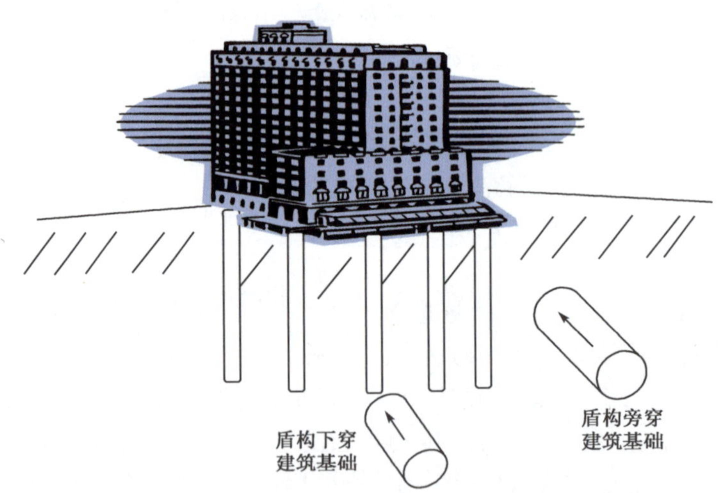


图5.7　盾构隧道与建（构）筑物基础的下穿、旁穿关系

盾构隧道施工对周围建（构）筑物的影响，主要表现为建（构）筑物的不均匀沉降及倾斜。盾构隧道施工引起周围土体的变形，势必会影响上部建（构）筑物

的沉降或隆起。当沉降表现为不均匀沉降时,建(构)筑物会产生倾斜甚至结构体会产生开裂,严重时危及建(构)筑物的正常使用。盾构在推进过程中所引起的地表沉降变形,根据始发段实测资料大致可分为5个阶段,如图5.8所示。

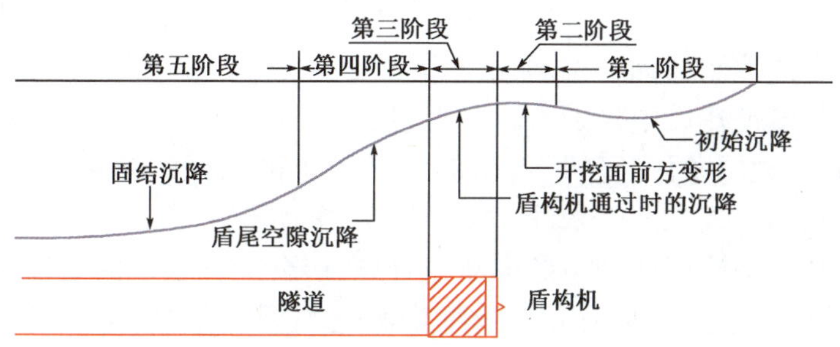


图5.8 软土盾构隧道地层变形的主要原因、变化趋势概要图

第一阶段:初始沉降,即盾构机到达前的地层移动。由于盾构推进对前方土体的挤压或由开挖所造成的地层松弛在开挖面前方产生滑裂面以及地下水位下降使地层有效应力增加引发的固结沉降。

第二阶段:开挖面前方的沉降或隆起。当盾构切口达到时,开挖面的平衡状态被彻底破坏,需要土仓压力来平衡,但它始终不可能代替被开挖的土体,土仓压力的波动将引起开挖面的应力释放并对土体产生挤压作用。当设置的抵抗压力不足时,开挖面产生主动土压力,土体向盾构方向移动,产生土体损失,从而引发地层沉降;反之,产生被动土压力,盾构前方土体有上拱趋势,当力设置过大,将引发地表隆起。

第三阶段:盾构机通过时的沉降。盾构机支撑刚体与地层的摩擦阻力对周围地层造成扰动,盾构外壳与土层之间形成剪切滑动面,剪切滑动面附近土层中产生剪切应力,引起土体变形。加之为了减弱这种作用,刀盘的开挖半径要略大于盾体,这就造成了盾构与土层之间存在一定的空隙。

第四阶段:盾尾间隙沉降。由于盾构掘进机的外径大于管片外径,盾尾通过后,在地层中遗留下来的建筑空隙就急需同步注浆充填。但是往往盾尾同步注浆未能及时充填建筑空隙,或是由于注浆量、注浆压力、注浆部位、浆液配比和材料等不适当,使建筑空隙中的浆液不能及时形成环箍,盾尾脱出后,无支撑能力的软土在不能自稳的情况下就会很快自行充填入建筑空隙,造成土层应力释放。除此之外,在注浆过程中会有大量的浆液渗入地层之中。这期间是控制扰动程度的重要阶段。

第五阶段:后续沉降阶段。盾尾脱出一段时间后,扰动的原因主要有土层的固结沉降、地基土的徐变及管片的变形等。

由于盾构施工中不可避免地对周边环境造成一定影响,因此从环境协调性角度考虑,应对盾构施工中引起环境变形的影响程度进行分级评价与控制,并监控量测的数据,安全、经济、环保地控制各项施工参数。目前,国内并没有关于盾构施工环境分级控制的标准,在地铁盾构隧道施工中,基本延续了王梦恕院士在北京地铁区间隧道建设中提出的下沉不超过30mm、隆起不超过10mm的标准。随着盾构直径、地层条件、管线、建(构)筑物等不同条件的变化,从盾构施工的平衡稳定与环境协调性角度来看,该标准已不能普遍适用。

基于盾构隧道施工的平衡稳定理论研究,结合工程建设的重要性、安全性、经济性、可行性、环保性、难易度等综合考虑,应参照现行的基坑工程对基坑的等级定义标准,将盾构隧道施工的环境协调性进行定量分级。

一级盾构施工环境:对变形协调控制要求极为严格的地面管线、紧邻的建(构)筑物等环境条件。对此类环境条件进行控制时,其重要性安全系数应取1.1。

二级盾构施工环境:对变形协调控制要求较为严格的地面管线、邻近的建(构)筑物等环境条件。对此类环境条件进行控制时,其重要性安全系数应取1.0。

三级盾构施工环境:对变形协调控制要求一般的地面道路与管线、较远的建(构)筑物等环境条件。对此类环境条件进行控制时,其重要性安全系数应取0.9。

分级后的盾构施工环境协调性将具体化,便于建设各方具体操作。

### 5.3.3 保证盾构机开挖稳定平衡的控制方法及辅助措施

软土中开挖隧道就像在豆腐中打洞,晃动过大,豆腐就会散。所以盾构施工要尽量减少对土体结构的扰动和基本维持土体原始状态,减少工后沉降和其他工程风险。土体原始结构破坏后,力学指标急剧降低,土体变形难以控制。依据盾构施工对地层变形影响的各阶段,采取相应的控制方法和辅助措施,减小对周边环境的影响。

(1)控制的盾构正面压力

通过盾构机各系统有效的运转(如泥土加压或泥水加压、千斤顶系统加压、螺旋机或排渣泵的出土量控制等)来维持开挖面的平衡稳定。推力太大,会造成前方土体的隆起;推进力太小,容易引起前方土体的沉陷。因此,盾构推力需要与开挖面的水土压力严格对应。水土压力按照松散荷载理论的计算,对于黏性土采用水土合算，对于砂性土采用水土分算的计算方法。地层土性不同，正面压力的控制也要适当调整：如前方地层软弱，正面压力应稍大于计算得到的静止水土压力，防止地层塌陷；如前方地层为自承能力较好的硬塑态黏土，正面压力应稍小于静止水土压力，有利于发挥土层自承能力，提高设备开挖效率；否则，设备与土层摩擦产生高温高热，容易使土体产生硬化、板结或产生泥饼，不利于开挖和出土。

另外，可建立开挖面压力信息反馈系统，根据测量得到的真实压力值及时调整推力。土压平衡盾构的正面压力波动颇大，尤其是在拼装阶段。可在盾构上安装正面压力补偿装置，实现管片拼装阶段的压力控制。

(2)盾尾同步注浆和二次注浆

盾构推进施工中，"盾壳"对挖掘出的还未衬砌的隧道段起着临时支护的作用，管片拼装(衬砌)等作业在盾壳的掩护下进行。当管片拼装成环后，管片脱出"盾壳"，由于管片外径小于"盾壳"外径，故在管片外表面与地层间形成一道空隙。盾构在自稳性好的地层中进行，此空隙形成后，地层不会发生坍塌。因为城市地铁施工所对应的土质条件多为自立性差的软黏土层和松散有崩坍危险的含水率高的砂性地层，空隙如不采用有效的介质填充，管片脱离盾壳后，得不到有效的支撑与约束，管片在自重力的作用下，将会发生椭变、破损，影响成型隧道的质量，同时势必造成地层变形，进而对邻近的地中构造物产生破坏性的影响。

盾构推进中的同步注浆是充填土体与管片圆环间的建筑间隙和减少后期变形的主要手段，也是盾构推进施工中的一道重要工序。浆液压注做到及时、均匀、足量，确保其建筑空隙得以及时和足量的充填，将地表变形和管片偏移控制到最小，并防止管片接缝渗漏水。同步浆液可以迅速、均匀地填充到盾尾间隙的各个部位，将施工对土体的扰动减到最小。盾构施工中的管片背后注浆可起到以下作用：一是防止地层变形(主要出现在层隙处)；二是提高隧道的抗渗性；三是确保管片衬砌的早期稳定性。地层变形的主要因素可以说取决于管片背后注浆的好坏。

依据浆液的分布状态，注浆可分为充填注浆、渗透注浆、劈裂渗透注浆、挤密注浆。选择的浆液必须与砂土层为渗透注入，与黏土层为劈裂注入。但是注浆压力不宜过大，注浆压力的选择既要满足填充型，又要尽量减少对土体结构的扰动。

为了更好地实现背后注入浆液的目的，注浆浆液必须迅速、密实地充填盾尾间隙。为此，对注入浆注的特性提出以下要求：①充填性好，且不流窜到盾尾空隙以外的其他区域；②浆液流动性好，离析少；③浆液注入时应具备不受地下水稀释的特性；④材料分离少，以便能长距离压送；⑤背后注浆填充后，希望早期强度能均匀，其数值与原状土的强度相当；⑥浆液硬化后的体积收缩率和渗透系数要小；⑦无公害，价格便宜。综上所述，背后注浆的必要条件由充填性、限定范围、凝固强度三要素组成。

盾构隧道常见的注浆浆液有如下两种。

①单液浆液。由于水泥的水化反应非常缓慢，因此，注入时浆液的流动性好，以利于充填。由于单液型浆液在注入时是没有自立性的流体，所以是具有非常平缓的倾斜充填，形成后注浆液顺次推进先注的浆液，使浆液逐渐充填到前方。因此，浆液易流失到盾尾空隙之外的其他部分，而应该注入的区域，特别是管片背面的顶端部位却难以充填到，加上浆液地下水的稀释，致使早期强度下降。

对地层的自稳性，建议参考其液性指数，用以判断地层的软硬状态。液性指数≤0，坚硬；0＜液性指数≤0.25，硬塑；0.25＜液性指数≤0.75，可塑；0.75＜液性指数≤1，软塑；液性指数＞1，流塑。液性指数与土的类别及含水率有关，同一种土，含水率越大则液性指数越大，土质越软。

当前，盾构同步注浆施工采用的液浆分为硬性浆液与惰性浆液。通常对于液性指数≤0.25 的地层，采用硬性浆液，浆液的固结强度与地层强度相似；液性指数＞0.25 的地层，采用惰性浆液，有效填充管片背面的间隙。

有些专家建议采用石灰石膏和磨细粉煤灰作为胶凝材料，加上细砂和其他活性材料配制厚浆型单液浆，其中细砂的含量要大于 $900kg/m^3$，以达到更好地控制沉降的目的。

②水玻璃类双液型浆液。把 A 液（水泥类）和 B 液（水玻璃类作硬化剂）两种浆液混合，则变成胶态溶液，混合液的黏性随时间的增长而增长，随之进入流动态固结区，随后经过可塑态固结区达到凝固区。化学凝胶时间越长，水玻璃浓度越低，维持流动性的凝固态和可塑态的物理凝胶时间就越长。

盾构法施工地面变形控制，对管片背面空隙注浆填充施工，应根据不同的地层，有针对性地采用不同配比的浆液，使浆液的性质与地层土体强度接近，有效地控制地面变形及成型隧道的稳定性。

对采用惰性浆液的地层，建议通过管片二次注入双液浆。双液浆在同步注入的惰性浆液中固结后，呈有一定强度的浆脉状分布，起骨架作用，加强成型隧道管片外周的环箍效果，增强管片的受力稳定性。5.4 节将对双液浆二次补注工法进行详细叙述。

(3)保持盾尾和盾构管片的密封性，防止漏水，减少对土体的扰动盾尾密封结构由多道盾尾刷及充填期间的油脂共同组成,以抵抗外部的水土压力及同步注浆压力等,通常根据盾尾可能遇到的最大水土压力及每道油脂腔的抗压能力来决定盾尾刷及油脂腔的道数,如图5.9所示。

a)

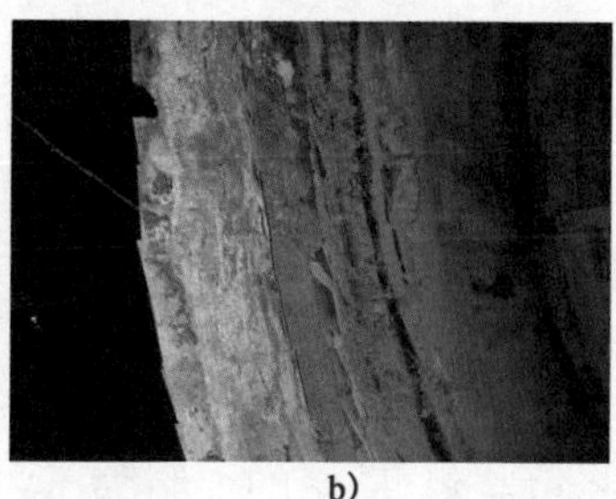

b)

图5.9 完好的盾尾刷与磨损的盾尾刷对比

只有盾尾的密封性能良好,才能抵抗住盾尾的水土压力、注浆压力等,防止水土从盾尾间隙中渗入隧道。否则,将产生以下严重后果:一是隧道进泥水,淹没部分盾构设备;二是长期的盾尾渗漏,造成尾刷密封功能破坏,影响盾构正常施工;三是渗漏造成浆液或土体损失,地层发生空间位移失稳,引起地表过大不均匀变形;四是管片周边土松弛圈扩大,土体坍落拱高度变大,可能超过管片设计承载值,引起管片开裂破坏。

另外,要严格控制管片的成型质量;管片破损后应及时补漏,防止地层中水分流失,加大工后的沉降变形,破坏土体原有结构,进一步加大沉降。

(4)常用辅助措施

保持盾构隧道施工中自身动态稳定平衡的措施,概括来说就是“保头护尾”。环境变形协调就是要控制土体及建(构)筑物的变形,除了合理选用盾构机施工参数(如切口面压力、注浆压力及数量、掘进数度、油脂消耗与补给量等)、保持隧道的稳定平衡外,常用辅助措施有:

①盾构始发终到阶段,对于不能自稳及透水性地层,盾构切口面难以有效建立稳定平衡,可采取高压旋喷法、搅拌法、注浆法及冷冻法加固土体,并可以辅助降水,以降低水压力。这样可起到两方面的作用:一是在围护结构破除后,提高了洞门范围内土体的稳定性;二是避免了由于始发阶段盾构土仓内没能充填,土体侧压力不能平衡造成的土体失稳。这样有助于盾构切口面建立稳定平衡。对大型泥水盾构终到时,也可以采取工作井内充满泥水的方法,辅助盾构切口面的泥水压力平衡,实现水中进度(洞)。

②浅覆土地段,可以进行土体加固或增加覆土厚度。

③采用强化盾构的周边地基、强化既有建(构)筑物的基础及隔断伴随盾构

的掘进所产生的地基变形等措施来降低既有建(构)筑物的变形。

④据监控量测结果,必要时对地表及建(构)筑物进行跟踪注浆。

(5)信息化施工

前面说到正如正常人依靠两条腿平稳走路一般,盾构隧道施工中的平衡与稳定性原理及环境协调性原理就是保证施工安全的两条腿,而隧道施工中的监控量测即如同人的眼睛和耳朵,将施工信息及时反馈,从而保证盾构隧道施工合理地利用这"两条腿"安全走路。

为盾构隧道自身的平衡稳定,需对切口面的水土压力(活泥水仓的泥水压力或气压压力)进行监测,将实际的出土量与理论的出土量进行比较,对同步注浆压力、注浆量监测、盾尾的油脂腔压力以及注油脂量进行监测并与理论值进行分析比较等,如图5.5所示。为保持好环境协调性,应根据对周边等级的要求,做好对地面隆沉,管线弯沉、破损,接口张开以及邻近建(构)筑物的沉降、倾斜、裂缝等进行监测,及时反馈信息,以便调整施工参数。

## 5.4 盾尾注浆控制地层变形

### 5.4.1 双液浆二次补注工法研究

通常,依据浆液的可塑状态保持的时间将浆液进行分类。可塑状态保持长达5~30min的浆液称为特殊的可塑态浆液;固结型可分为凝胶时间大于30s的早期强度极低的缓凝固结型,凝胶时间小于20s的早期强度高瞬凝固结型。

管片注浆,采用可塑型浆液,随着注入范围的扩大,浆液依次压入。尽管注入压力低,但浆液仍能作大范围的充填。由于是可塑态固结,逐渐向前移动,直到完全充填盾尾空隙。由于浆液的黏性非常高,所以很难向周围土体中扩渗,此种浆液可有效地充填到上部的限定范围。盾构施工中,同步注浆通常采用单液浆,在地下水丰富的情况下,浆液难以达到较好的充填性、限域性、凝固强度,因此,对地层填充的效果不甚理想。

采用双液注浆二次补注工法,不损失流动性,仅在限定范围内注浆,即在双液型浆液中添加短凝和可塑性成分,使限域注入成为现实。当浆液充填尾隙后,希望浆液能尽早固结且强度能与围岩土体强度接近。因此,对双液型浆液的早期强度规定在1h后抗压强度的大致目标为0.1MPa。如早凝型浆液的凝胶时间过短,注入还没结束,浆液便失去了流动性,导致充填效果不好。

从变形是否协调来看(图5.10),相对而言,管片为刚性材料,土体为半柔性材料。惰性浆液的初期强度较低,属于柔性材料,刚度不协调容易造成盾构管片不稳定或土体变形不容易协调。双液浆初期强度较高,相当于半刚半柔性材料,容易使体系达到平衡稳定、变形协调。

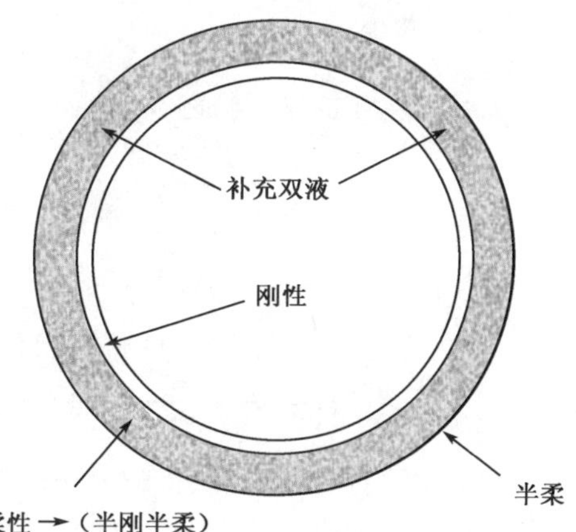

图5.10　盾构断面补充双液示意图

盾构同步注浆后每隔几环加注双液浆,形成类似于水桶箍的浆脉骨架,有利于铰接管片均衡受力,提高铰接管片受力的稳定性,也可用整体施加预应力来提高稳定性,而理论分析解决不了稳定性问题。因为成型盾构隧道的平衡与不平衡受力,以及隧道是否均匀受径向水土压力的约束情况,与有无箍的空木桶受力原理相类似。将有箍、无箍的空木桶水平倒放后,在桶上部施加竖直向下力,桶承受荷载的大小明显不同,此模型可用来模拟隧道周边受不平衡力的情况。桶箍对桶产生的径向约束力,可比作隧道在地层中受到的均匀水土压力。相对于无箍木桶,可比作隧道外周无均匀约束力,受力后的变形不能协调,类似于局部受力。通过调整桶箍的紧固程度,来调整桶周所受约束力的大小。由于木桶外周箍的约束作用,使得桶体变形受到限制,每块木板形成整体,木桶外大内小,各木板接触侧面及连接榫共同提供反力,使得木桶的受力稳定及变形协调,能承受较高压力。无箍木桶每块木板没有箍的约束,没能产生预压应力,且每块木板的变形没能约束限制,一旦单块木板受力产生不协调变形,脱离整体,木桶的整体受力平衡体系就被破坏。例如,以竖向拼装成环的管片(其类型为:内径 $\phi$5.5m,外径 $\phi$6.2m,长度1.2m,厚度0.35m)为例(图5.11),单环管片自身质量19.3t,即上半部管片自身质量即达到9.65t,如下半部管片无有效的地径向支撑力以约束管片的整体变形,即便是上部管片的自重力影响,也会导致管片难以竖向成环。

当盾构通过重要管线及建筑物时,为控制地面变形及对建(构)物的影响,通常采用掺加一定B液的浆液通过管片进行二次补注,通过调节浆液的凝固时间,可较好地充填盾尾间隙,并控制地面变形。图5.12所示为单液型与双液型浆液填充控制地面变形效果对比。

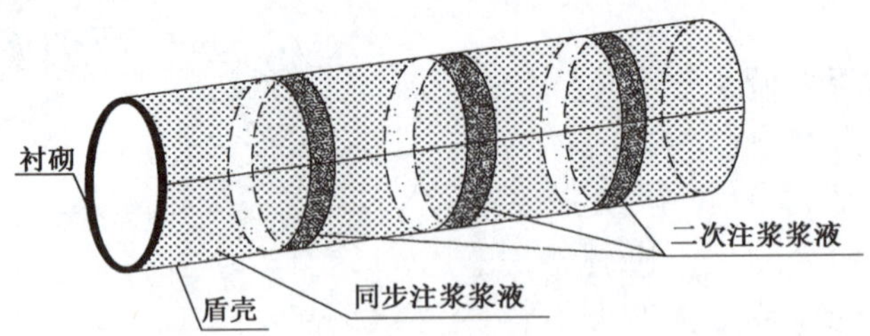


图 5.11　软弱地层铰接管片稳定性分析图

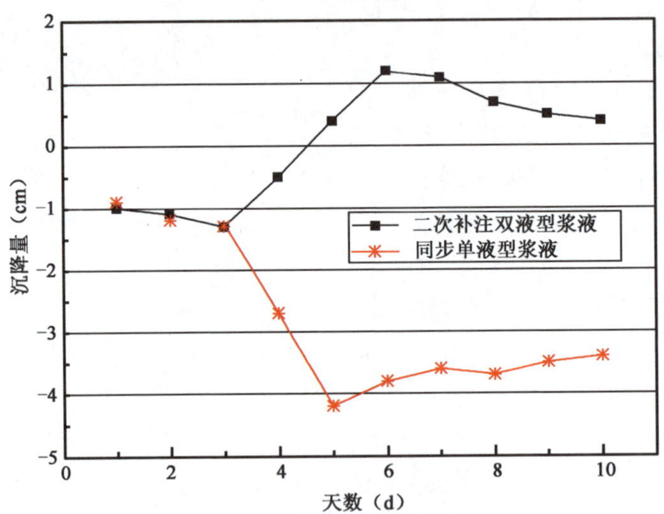


图 5.12　单环单液型与双液型浆液填充控制地面变形效果对比

### 5.4.2　盾构法地铁软弱地层变形控制分析

软弱地层开挖后形成塌落空间，改变了地层原始状态的稳定性和受力状况。要基本保持地层原始状态的受力和变形状况，必须提供预支护或及时同步充填强度和刚度比原状土大的材料，才能达到完全充填和固化等要求，更能有利于控制地层变形。对于相对稳定无承压水环境的地层，也可采用混凝土输送泵同步输送类似砂浆、比重约为原状土、可泵性好的细沙混合物填充盾壳和盾尾空隙。另外，对于渗透系数小的淤泥质土或黏性土等地层，在盾构通过一定距离后容易产生失水固结，这时应该通过管片补充注浆，以消除地层固结影响。这样才能保持结构与土体共同作用的平衡稳定性，以满足受力平衡与变形协调状态的稳定性要求。

例如，某区间盾构施工，其黏土层与管片之间同步注入惰性浆液填充，以形成平衡系统,由于浆液本身很难固结,就发生了钢管片预留孔击穿现象,造成浆液损失,地面出现沉降。管片背面填充惰性浆液后,虽然可形成平衡体系,但不是稳定体系,如果惰性浆液中水泥用量达到100~150kg/m$^3$,再加注水玻璃形成类似于水桶箍的浆脉骨架,就可以形成平衡稳定体系,同时也能控制地面沉降。2011年1月19日晚,盾构掘进456环,该过程中454环钢管片预留孔突然漏浆,发现是预留孔堵头被冲掉,如图5.13所示。虽然施工人员立即采取措施予以封闭,但造成同步注入浆液的损失,漏浆发生后次日早晨测得地面435环至460环对应地面的单次沉降值超限,累计沉降最大值为23.47mm。后对漏浆影响区域进行了二次补浆,地面变形才得以稳定控制。

图5.13 软弱地层注双液浆控制地层变形分析图

## 5.5 盾构进出洞工程措施

按盾构施工的过程,可将盾构施工划分为盾构机现场组装、盾构出洞施工、盾构正常掘进施工、盾构进洞施工、盾构机解体吊出5个施工阶段。而在这5个阶段中,最易发生事故的是盾构进、出洞的施工,特别是盾构在富水性砂层中的进、出洞施工,更是我们控制的重点。现根据杭州高地下水位粉砂质土的工程地质特点,结合多次盾构进出洞施工经验,就盾构始发进出洞施工环节控制进行探讨。

### 5.5.1 盾构进出洞端头井地层处理

盾构进出洞施工,在各项准备工作具备后,即开始破除洞门圈内的围护结构,以除去围护结构中盾构机不能切削的钢筋。在围护结构破除过程中,及盾体未完全进出洞门时,为保持盾构进出洞端头井附近土体的原始状态,而避免开挖面出现不平衡压力导致发生漏水、涌砂、甚至坍塌事故,必须采用特殊加固措施,以平衡不利压力,确保盾构进出洞的端头井附近土体基本维持原始状态。通常采用如图5.14所示措施,对盾构进出洞端头井进行处理。

土体加固法,是采取加固措施对盾构进出洞端头地层进行处理,以提高开洞门圈内开挖面地层自稳能力及止水效果,常用的处理方法有高压喷射注浆法、搅拌法、冻结法,并辅以降水施工,此方法适用于具有高压缩性、低强度、弱透水性、高灵敏度、工程性质较差土层。

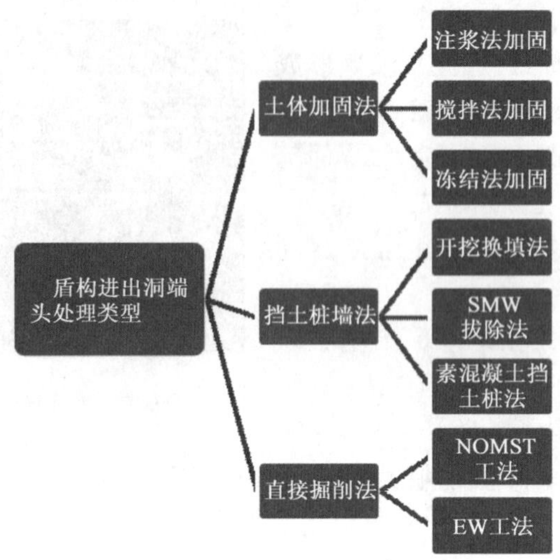


图 5.14 盾构进出洞端头处理类型

挡土桩墙法,在盾构工作井洞圈围护结构后,设置一道能承受水土压力,保持洞圈开挖面稳定,且盾构刀盘能直接切削的挡土桩墙。该挡土桩墙通常采用洞圈外土体换填法、SMW 挡土桩法、素混凝土挡桩墙法设置。此工法常用于不透水性好,有一定自稳能力的土层。

直接切削法,是盾构刀盘直接切削盾构洞圈内围护结构的工法。如 NOMST 工法,其特点是进出洞门墙体材料较特殊,刀盘可直接切削,而不损坏刀具,该工法作业简单,安全可靠性好。

EW 工法的原理是通过电蚀手段,把挡土墙的芯材工字钢腐蚀掉,给盾构直接掘削带来方便。其优点与 NOMST 工法相同,但这两种工法造价较高,国内盾构法施工中较少采用。

因此,容易发生漏水、漏沙情况的地层中,盾构进出洞施工通常采用土体加固法来处理。

### 5.5.2 盾构进出洞漏水的分析和对策

盾构在富水性地层中施工时,由于盾构进出洞端头地层处理、盾构进出洞施工及施工组织等各环节出现问题,均有可能导致发生漏水、漏砂事故。事故发生后,造成端头水土流失,地面产生过大的沉降甚至塌陷,造成周边建(构)筑物及管线破坏。如事态得不到有效控制，盾构出洞时可能导致盾构机淹没。

当盾构机出洞一段距离或盾构机进洞后，若洞门密封不好将导致漏水漏砂，造成隧道管片周边局部水土流失，约束管片成环的地层压力不能对称地作用在管片上，导致成型管片径向变形过大，甚至洞口段隧道破坏，盾构机淹埋。出现此状况，应从以下各个环节检查分析漏水原因，及时采取针对性措施。

（1）盾构进出洞土体加固施工环节

①洞门端头地质勘探不详细，或土工试验不标准，导致据此地层性质编制的地层处理技术方案针对性不强，处理后的端头洞门地层达不到盾构进出洞要求的强度、渗透性、均匀性要求。

②施工质量控制与检测。

地层处理常用的高压旋喷法、水泥土搅拌法、冻结法工法等，钻孔的垂直度是重要控制参数。规范要求钻孔垂直度小于1%，以避免相邻桩体在地层中产生“开裤衩”现象，但如果偏差达1.5%，当加固深度达30m时，又假设一根桩向左偏、另一根桩向右偏，就会形成$2\times30m\times1.5\%=0.9m$的漏处理开衩区，使得整个加固体不密实。

地层加固体的均匀性，是盾构洞门端头处理的重要控制指标。采用搅拌、旋喷加固，不得有断层、断桩、加固死角，以免整个加固区失去隔水作用。因此，地层加固处理的现场管理中，搅拌杆、旋喷杆的垂直度、供浆泵的压力恒定、泵送的连续性，是控制的重点。

对高压旋喷桩、水泥土搅拌桩加固效果的检测，必须现场钻孔取样，并做抗压、抗渗试验，查验桩体的均匀性。特别是样芯要密封送检，以保证土工试验参数的真实性。

冷冻加固质量，通过测温孔的量测温度来检测。测温孔打在两个冻结孔之间和冻结体外侧，以此测温判断冻结柱是否交圈，并推算冻结体强度。要控制冻结孔钻孔孔位偏差，避免整个冻结体在冻结孔间距大的位置形成强度薄弱区域，使冻结体达不到承受地下水土压力的强度要求。

（2）盾构进出洞施工环节

①盾构机摆放位置相对于洞门偏差过大，盾构进出洞时破坏洞门密封装置。

②盾构施工中，施工组织不到位，如洞门破除速度太慢，没能合理控制好盾构掘进工期与洞门破除工期的协调。

③超挖刀开挖量的大小不合理，导致盾构机通过加固区的时间太长，没及时封堵洞圈空隙，或超挖位置不合理，形成漏水通道。

④对降水井的管理不到位，降水过程不连续，地下水位没能降到设定的位

置，如无备用发电机导致降水施工暂停。

(3)应急处理措施环节

盾构进出洞漏水、漏砂事故，主要是由于地下水的影响造成。因此，在应急处理措施方面，主要采取防、排、截、堵的施工措施，控制地下水位。常见的紧急状态及处理方法有：

①充分认识地层中水的存在状态。认为“补给充分”而疏于防范；端头地层处理加固质量差、存在漏洞，造成加固体与围护体有渗流通道。处理方法是采用辅助降水措施。

②由于注浆压力破坏了堵漏体，加固体封堵不密实，存在很大漏洞，当凿除洞门混凝土时瞬即发生漏水。凿除洞门混凝土后封闭失效，又没采取其他防水措施。处理方法是建立应急体系，成立应急组织，配备相应的人员、设备、物资，发生漏水事故时，尽快处理，避免事态扩大。

## 5.6 基于平衡稳定机理的典型盾构隧道案例分析

本节介绍钱江隧道盾构下穿钱塘江防洪堤防时，运用稳定平衡综合技术的案例。

### 5.6.1 钱江隧道穿两岸堤防的控制技术

1)工程概况

(1)隧道工程简介

钱江隧道工程长4.45km(桩号K11+400～K15+850)，位于著名的观潮胜地——海宁盐官镇上游约2.5km。由于过江隧道跨径大，里程长，技术难度大，且地质条件复杂，因此，钱江隧道是钱江通道及接线工程项目的控制性、关键工程(图5.15)。

隧道设计为双向六车道，分为东西两线。圆隧道段采用一台直径15.43m的超大型泥水气压平衡式盾构掘进机施工，施工流程为：西线江南工作井出洞→西线江北工作井进洞→在江北工作井内盾构整体掉头→东线江北工作井出洞→东线江南工作井进洞→盾构拆除并外运。因此，盾构隧道分别两次穿越江北及江南大堤。

钱江隧道的圆隧道段长度分别为：西线圆隧道3 242.783m，东线圆隧道3 245m。

隧道衬砌采用单层管片，外径15 000mm，内径13 700mm，环宽2 000mm，管片厚度650mm,为通用环楔形管片,每环由10块管片构成。其中,标准块7块,邻接块2块,封顶块1块。普通环管片由钢筋混凝土管片构成,混凝土强度等级为C60,抗渗等级为1.2MPa,采用全圆周错缝拼装工艺。管片环与环之间用38根M30的纵向斜螺栓相连接,每环管片块与块间以2根M39的环向斜螺栓连接,每环20根。

图5.15　钱江隧道平面示意图

(2)地质情况

钱江隧道所在地区主要为钱塘江冲海积平原,第四系覆盖层较厚。隧道穿越的地层江北明挖段主要为淤泥质黏土,江中段主要为粉质黏土和黏质粉土,江南明挖段主要为淤泥质粉质黏土、粉土、粉砂层(图5.16)。

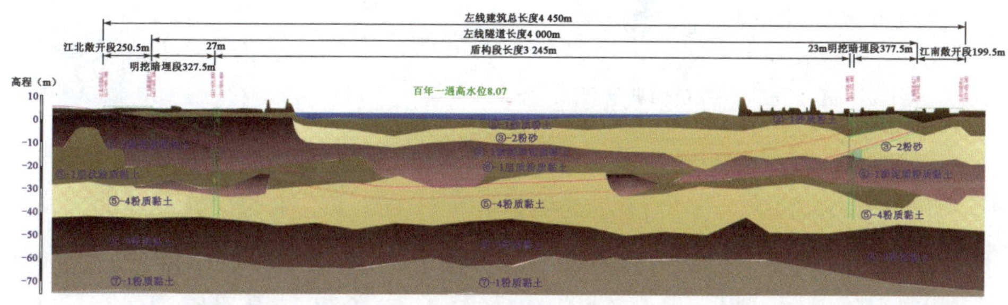


图5.16　钱江隧道地质纵断面示意图

(3)两岸堤防结构情况

江北大堤前身为明清时期鱼鳞石塘,后于1997~2003年新建成标准海塘。鱼鳞高达5m多,下有木桩支撑,石塘外侧设有二级砌石护坡及木排桩护脚防冲。因石塘尚属完好,标准塘建设时基本保持原状,标准海塘建成后,土埝顶面高程8.87m,顶面宽4m,外口设有浆砌条石防浪墙,墙顶高程9.67m,土埝内坡为坡比1:2.5的土坡及植草保护。鱼鳞石塘内侧塘面宽约11m,高程在6.88~7.37m,靠内侧建有4m宽的防汛道路,如图5.17、图5.18所示。盾构隧道从江北明清鱼鳞石塘下木桩下穿过,见图5.19。

图 5.17　北岸海宁堤防现状

江南海塘西线盾构穿越时该段萧围标准海塘为复合式斜坡结构，堤顶宽 7m，铺设沥青路面，路面高程 9.92m，见图 5.20。但在东线隧道折返穿越时，江南大堤改造成了标准海塘，在坡脚设置了沉井护坡桩，见图 5.21，沉井护坡桩施工时，根据规划预留条件，桩底与盾构隧道顶间的垂直距离为 2m。

2）盾构施工对明清老海塘的沉降影响分析

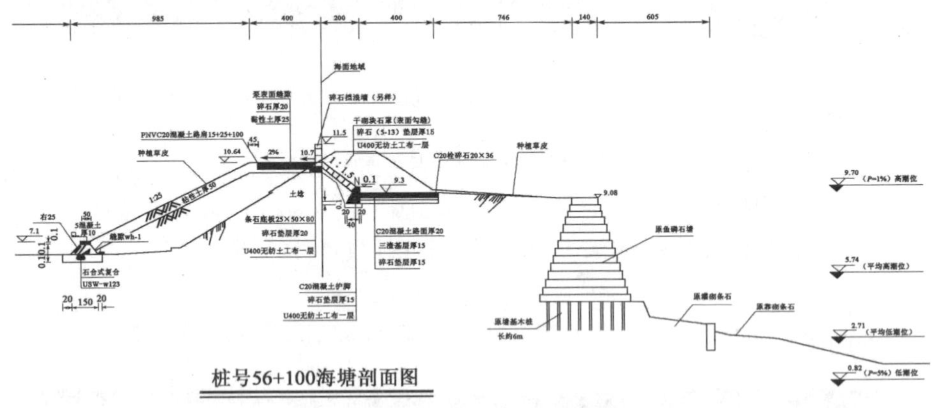


图 5.18　北岸海塘断面图(吴淞基面)

引用钱江隧道防洪评价报告的有关分析计算数据，钱塘江北岸土堤顶及鱼鳞石塘顶与江南土坝采用 Peck 公式分析计算，其结果如图 5.22 ~ 图 5.24 所示。

同时运用有限元分析软件 Plaxis 构建数学模型，模拟分析盾构隧道施工对上述地方的影响。其中，江北老海塘大堤的有限元计算模型如图 5.25 所示。模型采用 15 节点单元为基本单元类型，共有 760 个单元，6 365 个节点。

考虑隧道开挖顺序，西线隧道先掘进造成的沉降云图与东线隧道掘进后造成的云图分别如图 5.26、图 5.27 所示。第一条隧道开挖造成了地表下陷，在开挖经过的上部地表形成了一个凹槽，隧道轴线正上方地表沉降最大，向左右沉降分别逐渐减小，最大沉降为 33.29mm，比经验公式计算结果大 7.61mm。两条隧道都开挖后，也在开挖经过的上部地表形成了一个凹槽，隧道轴线正上方地表沉降最大，向左右沉降分别逐渐减小。由于新老隧道开挖的相互影响，地表最大沉降为 49.50mm。

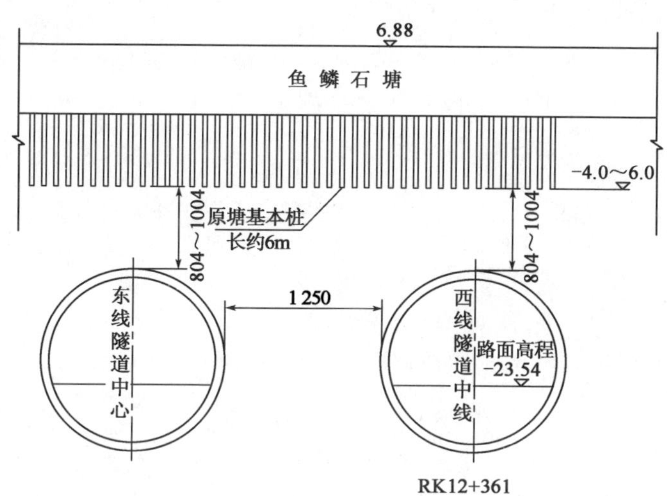


图 5.19 隧道与江北堤防关系图(尺寸单位:m)

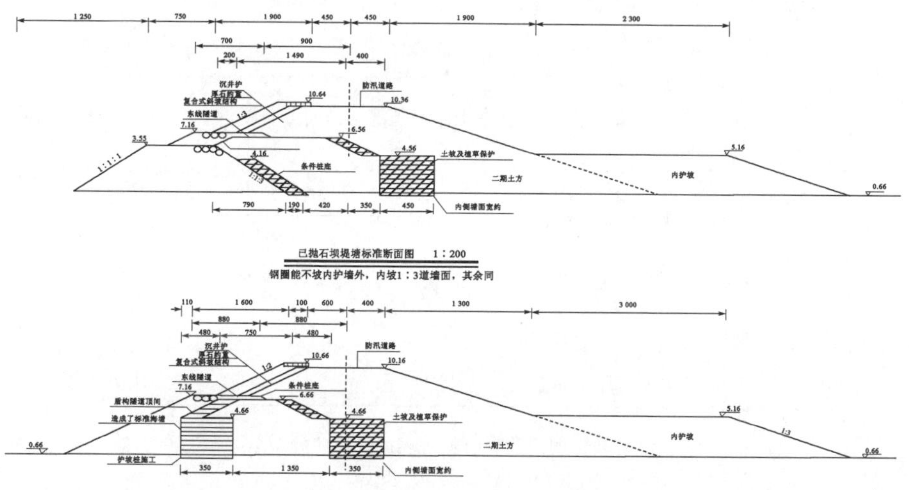


图 5.20 南岸海塘断面图(西线隧道穿越时)(尺寸单位:cm)

根据防洪评价报告中的分析,两条隧道都开挖后,由于新老隧道开挖的相互影响,钱塘江南岸海塘堤顶最大沉降为 47.67mm,钱塘江北岸海塘土埝堤顶最大沉降为 47.14mm,钱塘江北岸明清鱼鳞石塘表面最大沉降为 49.50mm,钱塘江北岸海塘堤外丁坝地表最大沉降为 53.39mm。据此提出堤塘沉降监控指标为:北岸不均匀沉陷斜率控制值为 0.1%,堤塘最大沉降量为 2cm;南岸不均匀沉陷斜率控制值为 0.3%,堤塘最大沉降量为 5cm。

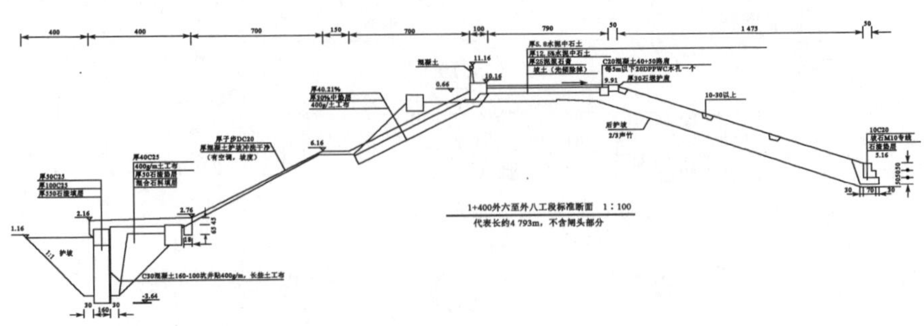


图 5.21　南岸海塘断面图(东线隧道穿越时)(尺寸单位:cm)

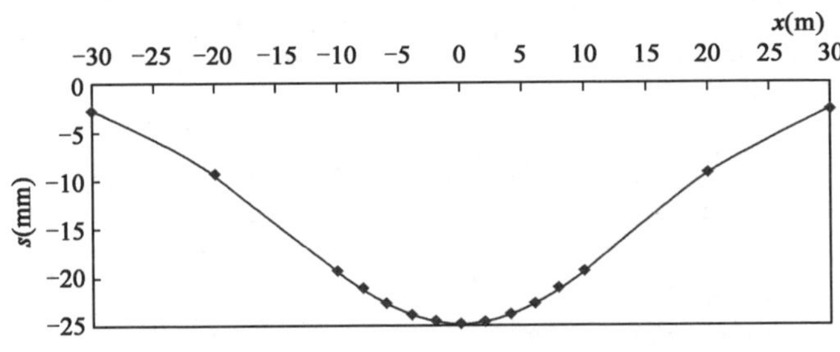


图 5.22　钱塘江北岸土埝堤顶沉降横向分布图

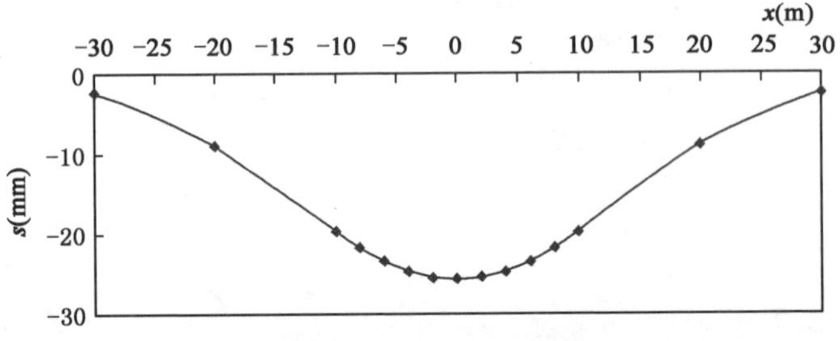


图 5.23　明清鱼鳞石塘地表沉降横向分布图

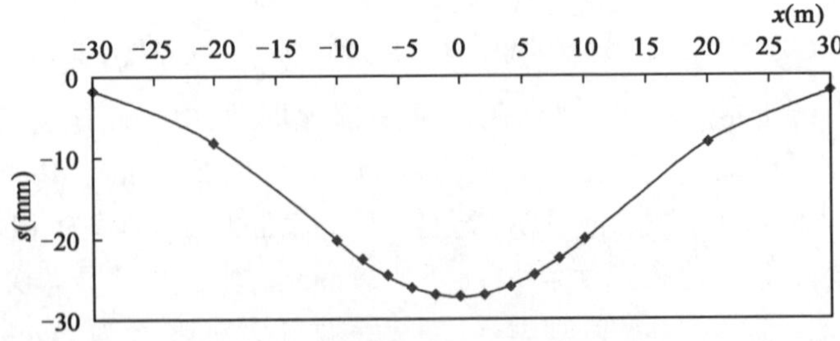


图 5.24　钱塘江南岸堤顶沉降横向分布图

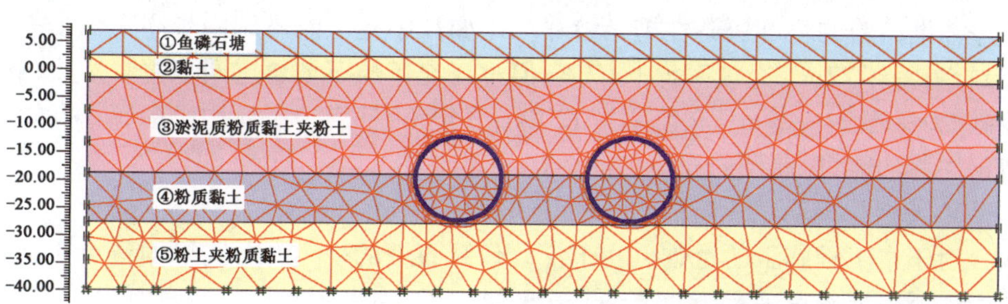


图 5.25 盾构隧道模型有限单元网格图(明清鱼鳞石塘)

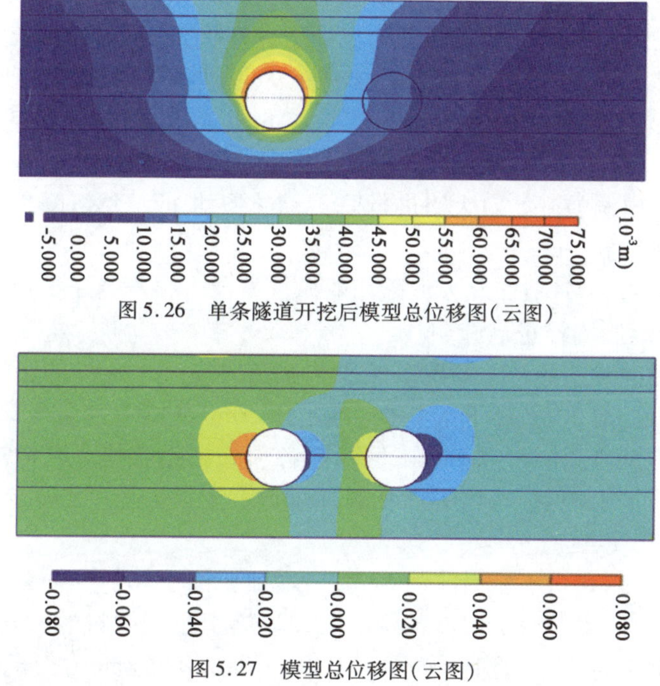


图 5.26 单条隧道开挖后模型总位移图(云图)



图 5.27 模型总位移图(云图)

根据上述分析,基于盾构隧道稳定平衡与环境协调性的综合考虑,对盾构隧道施工环境控制等级分为:

一级控制地段为盾构掘进穿越江北明清老鱼鳞石塘地段,控制最大沉降不超过 1cm。

二级控制地段为江南、江北的土质堤防地段,控制地面最大沉降不超过 5cm。

三级控制地段为盾构江中施工地段,以保证盾构隧道自身平衡稳定为主。

因此,根据上述控制等级分别制定盾构隧道平衡稳定施工的参数及盾构注浆等辅助措施的环境协调性施工参数。比如江中施工时盾尾同步注浆量按三级控制，为每环 $22m^3$，充填率为1.07%；但过江北鱼鳞石塘盾尾同步注浆量按一级控制，为每环 $24 \sim 29m^3$，充填率为120% ~140%，且启动了盾构机头所具有的超前预注浆功能，提前预先充填加固盾构上部地层。

3）考虑平衡稳定影响的施工控制措施

由于本工程施工的重难点在于江北鱼鳞石塘的稳定，因此，下面重点介绍盾构施工所采取的有关措施。

（1）穿越前技术准备

①盾构推进之前，严格按照盾构机制造商提供的盾构机设备保养手册对盾构机进行检查、维护和保养，确保盾构机处于良好状态。

②在穿越大堤前，应及时总结试推进阶段、前期推进阶段的各项施工参数对地面沉降的影响，并结合西线隧道穿越大堤的经验，做好盾构穿越大堤的技术准备。

③在盾构出洞前开始对大堤进行监测，掌握大堤的自然沉降量，为盾构穿越大堤提供参考数据。

④提前1~2个月对江北大堤采用船抛块石混合料作镇压平台。

（2）穿越时盾构推进措施

根据大堤处隧道的覆土情况以及盾构施工对地表构筑物的影响规律，确定盾构机切口到达前30m（15环）和盾尾通过后20m（10环）为盾构穿越大堤施工的重点控制施工段。同时对本施工区段的各项施工参数作严格的规定，切口水压、盾构推进、泥水控制、同步注浆和密封油脂压注等各工序必须严格按要求进行操作。

①切口水压：切口水压力波动太大，会增加正面土体的扰动，导致正面土体流失。因此，应尽可能减少切口水压的波动。施工过程中将通过气泡仓压力和泥水液位将切口水压波动值控制在 $-0.02 \sim +0.02kg/cm^2$ 之间，保证正面稳定，并适当加大切口面的压力以便江北鱼鳞石塘预先合理隆起一定量，以补偿后期的沉降量。

②泥水质量指标：在盾构机穿越大堤施工期间，将高质量的泥水输送到切口，使其能很好地支护正面土体。一般情况下，泥水密度控制在 $1.2 \sim 1.3g/cm^3$，黏度控制在20s以上。

③推进速度和纠偏控制：此阶段推进速度不宜太快，一般控制在20mm/min以下，较正常推进速度50mm/min慢。采用匀速推进，可以使土体被盾构推进所产生的应力得到充分释放，避免产生由于总推进力过大或过于集中而造成盾构

内部系统破坏，同时也有利于盾构纠偏。另外，考虑大堤下部可能存在不明障碍物，推进时还需密切注意刀盘扭矩的变化。严格控制盾构推进轴线，避免过多、过量的盾构纠偏，以减少盾构推进对土层的扰动，控制地表变形。

④加强同步注浆管理。同步注浆是防止地层沉陷的重要措施。同步注浆控制包括注浆量和注浆压力控制。盾构推进过程中主要以注浆量为控制指标，该段注浆量设为建筑空隙的120%～140%，即总的注浆量为24.0～29$m^3$。在盾构穿越过程中，一旦出现大堤沉降偏大的情况，应急地面及时跟踪注浆处理。

⑤做好管片补压浆措施：通过管片注浆孔进行二次注浆，控制好注浆压力和注浆量，减小大堤后期沉降。

⑥密切注意盾尾漏浆，充分压注盾尾油脂。

⑦确保管片压浆堵头的紧密和牢靠，防止压浆孔产生漏浆。

(3)信息化施工

施工时，严密监控量测大堤及盾构机，做到信息化施工。

沿隧道轴线纵向监测点需加密，监测点间距为3m。在堤坝处布设7个加密测量横断面，每个横向断面上布点为：推进轴线中心处布一点，左右32m范围内各布置8点。其中，距中心线20m范围内监测点间距3m，20～32m范围内监测点间距6m。

盾构出洞至切口距大堤保护范围(大堤保护范围为大堤本身及大堤坡脚各向外延伸30m)30m前以及盾构机盾尾离开大堤保护范围20m后，对大堤沉降的监测频率调节至1次/d，待大堤沉降稳定后逐步降低监测频率。

盾构在切口距大堤保护范围30m之内以及盾尾离开大堤保护范围20m前进行推进时，对大堤的监测频率为每推进一环测一次，并及时将信息反馈于施工现场。当实测差异沉降量或沉降速率较大时，根据实际情况适当增加测点和测频。

监测累计变量报警±10mm，预警±8mm；当累计变化量大于报警值的60%后，日变化量±2mm报警。

每一次测量成果都及时汇总反馈，以便确定新的施工参数和注浆量等技术参数，最后通过监测确保效果，从而反复循环、验证、完善，确保大堤安全和隧道施工质量。

4)施工实践结果

2011年4月西线隧道首次成功穿越江北鱼鳞石塘，施工中最大隆沉量为+20mm，至2012年5月东线隧道二次穿越江北鱼鳞石塘，总的沉降量最大为-9.27mm，且该点沉降变化速率为0.5mm/15d=0.033mm/d，沉降趋于稳定

(图5.28)。

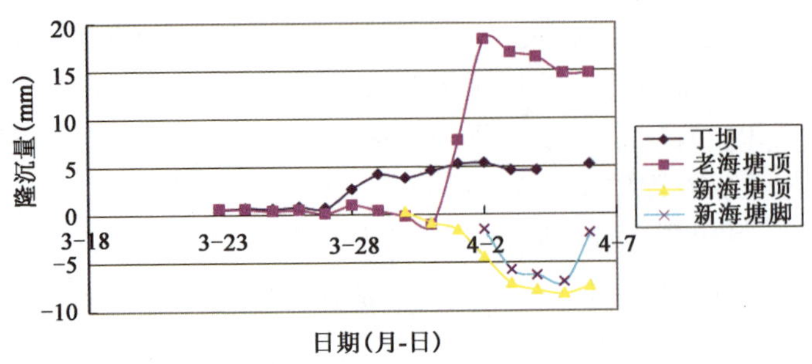


图5.28 江北大堤盾构掘进时的隆沉图

## 5.6.2 钱江隧道稳定平衡控制技术三点优势

强涌潮、浅覆土、大直径是钱江隧道的三大特色，其设计施工充分体现了稳定平衡控制和变形协调的理念，具体技术优势如下：

①现有基坑、管片等结构的设计平衡状态稳定性较高，保证了结构单元的受力需求，有效地防止局部破坏。建议在行车道板牛腿和底部填充混凝土时每隔10m设置一道伸缩缝，以适应管片纵向不均匀沉降。

②施工过程同步注硬性浆液，保证了各个受力单元体之间的整体平衡稳定和变形协调。

③施工过程中采用的自动与手动相结合的测量与纠偏系统，有效控制地层与结构系统按设计路径施工。

在盾构施工过程中，自稳性差的软土和软土固结、流变等特性由于盾构开挖的临时空间将引起地层与结构共同作用下的平衡状态转化问题和变形协调问题，从而必然会导致一定程度的不均匀沉降。技术优势②和③能够基本维持地层的原始状态，确保地层与结构共同作用处于稳定平衡状态。

# 6 公路桥梁抗倾覆稳定性问题的一些认识

## 6.1 公路桥梁抗倾覆稳定性的现状

我国城市立交、干线公路桥梁常采用独柱或类似独柱现浇连续箱梁结构形式。独柱或类似独柱墩箱梁桥具有结构轻巧、减小占用土地、改善下部结构布局、增加视野和桥型美观的特点。但是,这种结构形式在使用过程中已经发生了多起桥梁倾覆事故,这些事故给桥梁工程师敲响了警钟,桥梁的抗倾覆性(尤其是独柱墩桥)引起社会各界的广泛关注,以下列举国内发生的几起桥梁倾覆事故。

2000 年 6 月 3 日,某市立交 A 匝道主联曲线梁桥(图 6.1)发生向外移动和向外侧翻。该桥 A 匝道桥为 6 孔预应力混凝土连续梁,桥梁中线曲线半径分别为 255m 和 275m。桥梁全长 239.504m,跨径组合为 26.083m + 37m + 54m + 34.421m + 54m + 34m,箱梁截面为单箱单室,梁高 2.2m,箱梁顶宽 9.0m,底宽 5.0m,支座布置边墩采用板式橡胶支座,其余均为双向活动支座。2000 年 6 月

图 6.1 某市立交桥

在无任何先兆情况下，该桥 A 匝道桥突然发生严重的梁体侧向位移、平面外挠曲并伴随严重的扭转变形。各墩处径向平移位移量分别为 18cm、21cm、33cm、47cm、46cm、22cm、19cm（A 匝道），梁端端部扭转角达 2.42 梁和 2.35 梁。两侧边墩曲线内侧支座已脱空。

2007 年 10 月 23 日，三辆拉运钢板的奔驰半挂牵引重型货车和一辆轿车由南向北行驶至某市高架桥上时，桥面突然发生倾斜，导致两辆载重货车和一辆轿车随路面倾斜滑到桥底，造成桥下铁路专用线中断，见图 6.2。

图 6.2　某市高架桥倾覆破坏

2009 年 7 月 15 日，在某高速公路收费站外连续独柱墩匝道桥上，为避让前方逆行车辆，3 辆严重超载车辆密集停置并偏离行车道，导致桥梁发生倾覆事故，5 辆载货车坠落，造成 6 人死亡，4 人受伤。经交通运输部、国家安监局联合专家组调查，严重超载货车在匝道桥上靠右密集停车并偏离行车道，形成巨大偏载，导致桥梁梁体向右侧倾斜而引起倒塌，见图 6.3。

图 6.3　某高速公路收费站外连续独柱墩匝道桥倾覆破坏

2010 年 11 月 26 日,某市城市快速内环西线南延工程四标段在 B17 - B18 钢箱梁防撞墙施工时,钢箱梁发生倾覆,造成 7 人死亡、3 人受伤,见图 6.4。一位城市快速内环西线南延工程项目部内部人士分析认为,由于与混凝土比起来钢结构质地本身较轻,再加上此次事故中发生整体垮塌的 B17 - B18 高架桥是一段简支钢箱梁,位于在建高架桥弧形弯道处,呈弧形,重心在右侧。而事故发生之时,混凝土施工队却在右侧围栏浇筑混凝土,导致重心偏移侧翻。

图 6.4 某市城市快速内环西线南延工程四标段钢箱梁发生倾覆

2011 年 2 月 21 日,某市立交桥发生引桥坍塌,坍塌总长度 120m,最高落差 7m,见图 6.5。现场匝道上有四辆货车侧翻,事故造成 3 人受伤。事故现场,一条长达百米的引桥与立交桥桥面完全脱节,整体坍塌在公路边。落差最高的地方,距离地面足有 7m。事故调查显示:一辆运石煤车辆车身自重 29.4t,所载石煤总质量 96.2t,超载 65.9t,超载 217.5%;另一运石煤车辆自重 30.58t,所载石煤总质量 93.86t,超载 60.86t,超载 184.4%;运硫黄车辆自重 25.4t,硫黄总质量 85.33t,超载 55.33t,超载 184.4%;运棉籽车辆自重 9.86t,所载棉籽18.66t,超载 1.73t,超载 10.2%。

2012 年 8 月 24 日凌晨,4 台货车驶入某市高架桥洪湖路上行匝道时,发生匝道倾覆,造成 3 人死亡、5 人受伤,见图 6.6。事后有关部门认定该事故是一起由于车辆严重超载而导致匝道倾覆、车辆翻落至地面,造成人员伤亡的特大道路交通事故。事故中,由南向北驶入三环路群力高架桥洪湖路上行分离式匝道的 4 台货车,在上行匝道同时集中靠右侧行驶,造成三环路群力高架桥洪湖路上行匝道向右(东)倾覆。4 台货车翻落至地面,由北至南排序分别编为

图 6.5　某市立交桥发生引桥坍塌

a)

b)

图 6.6　某市高架桥的一条匝道发生倾覆事故

1～4 号车。经调查和实际称重，1～4 号车核载总量为 102.135t，实载总量为 395.4t，总超载为 293.265t，车货总重 485.185t。

上述发生倾覆事故的桥梁，桥墩多为独柱或类似独柱墩形式，支座间距小或是单支座，导致桥梁自重抗倾覆力矩小，而汽车荷载等外荷载产生的倾覆力矩增大，从而发生倾覆失稳的概率加大。在重载汽车大多集中行驶于一侧时，这种倾覆危险就更大了。汽车超载是这类事故的导火线，目前，我国载货汽车超载严重，个别车辆甚至超载两倍乃至三倍之多，导致桥梁处于超负荷工作状态。同时，我国现有公路桥规对于桥梁横向倾覆稳定性没有作出明确的规定，《公路钢筋混凝土及预应力混凝土桥涵设计规范》（JTG D62—2004）中 9.7.4 条中只有禁止支座脱空的描述，对桥梁抗倾覆稳定性的计算要求与安全余地等未作明确规定，从而导致很多桥梁虽然满足设计规范的要求，但在一定的超载车辆作用下发生了倾覆事故。因此，加强对桥梁抗倾覆稳定性的研究，提出切实合理的桥梁抗倾覆稳定性的设计方法与措施，满足桥梁的实际使用要求，是当前非常紧迫的任务。

## 6.2　现有规范文件关于桥梁倾覆稳定性的规定

### 6.2.1　现有公路桥规的相关规定

《公路桥涵设计通用规范》（JTG D60—2004）中 3.5.8 条和《公路钢筋混凝土及预应力混凝土桥涵设计规范》（JTG D62—2004）中 9.7.4 条中均只有禁止支座脱空的描述，对桥梁抗倾覆稳定性的计算要求与安全余地等未作明确规定。

### 6.2.2　《公路桥规》（征求意见稿）的相关规定

《公路钢筋混凝土与预应力混凝土桥涵设计规范》（JTG D62—2012）（征求意见稿）[以下简称《公路桥规》（征求意见稿）]4.1.9 条规定采用整体式断面的中小跨径梁桥应进行上部结构抗倾覆验算。上部结构的抗倾覆稳定系数应满足下式要求：

$$\gamma_{qf} = \frac{S_{bk}}{S_{sk}} \geqslant 2.5 \tag{6.1}$$

式中：$\gamma_{qf}$——抗倾覆稳定系数；

$S_{sk}$——使上部结构倾覆的汽车荷载（含冲击作用）标准值效应；

$S_{bk}$——使上部结构稳定的作用效应标准组合。

在作用标准值组合(汽车荷载考虑冲击作用)下,单向受压支座不应处于脱空状态。

条文对箱梁抗倾覆计算具体说明如下:箱梁桥倾覆过程是在汽车荷载的倾覆作用下,单向受压支座依次脱空,由边界条件失效而失去平衡的过程。结构倾覆时,事前并无明显表征,其危害性极大。对于正交桥梁、斜交角30°以内的斜交桥梁,倾覆轴线为位于箱梁桥中心线同侧的桥台支座连线,箱梁桥的抗倾覆稳定系数为:

$$\gamma_{qf} = \frac{\sum R_{Gi}x_i}{(1+\mu)(q_k l + P_k)e} \tag{6.2}$$

式中:$q_k$——车道荷载中均布荷载;

$P_k$——车道荷载中集中荷载;

$l$——桥梁全长;

$e$——横向最不利车道位置到倾覆轴线的垂直距离;

$\mu$——冲击系数;

$R_{Gi}$——成桥状态时各个支座的支反力;

$x_i$——各个支座到倾覆轴线的垂直距离。

对于弯桥,当跨中桥墩全部支座位于桥台外侧支座连线内侧时,倾覆轴线为桥台外侧支座连线;当跨中桥墩全部支座位于桥台外侧支座连线外侧时,倾覆轴线取为一桥台外侧支座和跨中桥墩支座连线。箱梁桥抗倾覆稳定系数为:

$$\gamma_{qf} = \frac{\sum R_{Gi}x_i}{(1+\mu)(q_k\Omega + P_k e)} \tag{6.3}$$

式中:$\Omega$——倾覆轴线与横向加载车道围成的面积;

$e$——横向加载车道到倾覆轴线垂直距离的最大值。

综合结构倾覆不先于结构延性破坏、实际运营汽车荷载与设计汽车荷载相互关系,确定箱梁桥的抗倾覆稳定系数不应小于2.5。在箱梁桥倾覆过程分析中,桥台侧支座容易脱空,这是倾覆过程的开始,这时,结构受力体系发生变化,因此在作用标准值组合(汽车荷载考虑冲击作用)下不应出现支座脱空。

《公路桥规》(征求意见稿)对支座脱空与倾覆均作了相应的规定,其中,对支座脱空的规定与某省交通运输厅规定的工况1要求相同。但是对其抗倾覆安全系数2.5的来源未见具体说明,桥梁到底具有多大抗倾覆能力,能够承受多重的超载车辆等有待进一步研究。

### 6.2.3 铁路桥规的相关规定

《铁路桥涵钢筋混凝土和预应力混凝土结构设计规范》(TB 10002.3—

2005)中的4.1.1条对横向倾覆稳定性检算的规定:在计算荷载的最不利组合作用下,桥跨结构的横向倾覆稳定系数不应小于1.3。

4.1.1 条的条文说明:检算倾覆稳定性时,可将支座看成是刚体,稳定力矩及倾覆力矩沿横向指对支座边缘(图6.7中的$A$点和$B$点)而言,沿纵向指对支座铰中心(图6.7中的$C$点)而言,计算公式如下:

$$K = \frac{M_d}{M_q} \tag{6.4}$$

式中:$K$——倾覆稳定系数;

$M_d$——稳定力矩;

$M_q$——倾覆力矩。

参考铁路桥梁的相关规范计算公路桥梁倾覆稳定性,安全系数的取值值得商榷。安全系数取1.3,对公路桥梁来说,往往无法满足实际要求。铁路车道少,宽度小,车道位置固定,并且自重大,这些都有利于桥梁的抗倾覆性。然而,公路桥梁由于美观需要和下部空间的限制而设置独柱墩,墩顶支座间距小,并且汽车偏载概率大,偏载严重,不确定性更大,这些都不利于桥梁的抗倾覆性,并且汽车超载率大,因此,公路抗倾覆系数应当大于铁路1.3的安全系数。

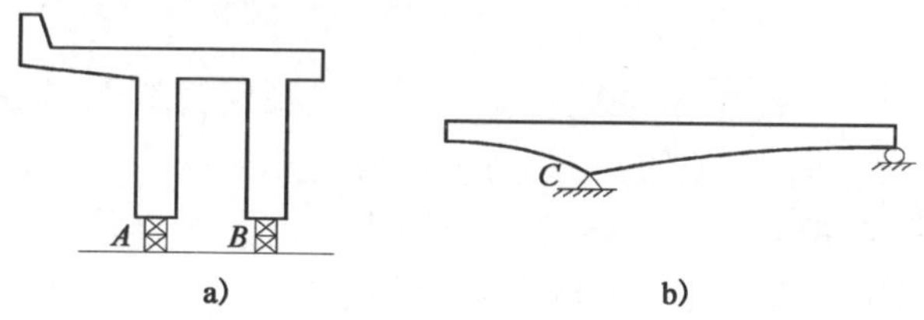


图6.7 桥跨结构稳定性检算示意图

### 6.2.4 国外规范的相关规定

英国《钢桥混凝土桥和结合桥规范》(BS5400)1978~1982版本中4.6中规定,应在破坏极限状态中考虑结构及部件的抗倾覆稳定性。4.6.1条中规定,由未乘以系数的额定荷载而产生的最小恢复力矩应大于由设计荷载产生的最大倾覆力矩。

《美国公路桥梁设计规范》(AASHTO)规定:结构作为一个整体和它的各构件应设计成可抵抗滑动、转动、提起和压屈。分析和设计中应考虑荷载偏心距的影响。

可见,英美规范对于桥梁倾覆稳定性,是按承载能力极限状态验算,只需要满足最小恢复力矩大于最大倾覆力矩即可,与我国铁路规范计算抗倾覆稳定系数的思路是一致的。英国规范规定按额定荷载(对应我国规范的标准荷载)计算恢复力矩,即计算自重产生的稳定力矩时采用标准值,与我国铁路规范相同。英国规范采用设计荷载(分项系数 1.5 乘以标准荷载)计算倾覆力矩。与我国铁路规范对比,英国规范实际上包含的安全系数为 1.5。

这里需要指出,英美规范及我国铁路规范计算桥梁抗倾覆稳定系数与《公路桥规》(征求意见稿)的方法不完全相同,对于同一计算工况,计算出的桥梁抗倾覆稳定系数也不相同,关键是两者理解桥梁抗倾覆稳定性的角度不同,具体分析见 6.3 节。

## 6.3 对桥梁抗倾覆稳定性的两种理解

### 6.3.1 《公路桥规》(征求意见稿)中抗倾覆稳定系数的含义

《公路桥规》(征求意见稿)中,全部桥梁自重 $G$ 产生的一个"稳定力矩"$G \cdot e$;汽车偏载 $P$ 产生一个"倾覆力矩"$p \cdot l$,见图 6.8。取"稳定力矩"与"倾覆力矩"的比值为抗倾覆稳定系数 $\gamma_{qf}$,即:

$$\gamma_{qf} = \frac{G \cdot e}{p \cdot l} \tag{6.5}$$

这里说明一点,规范中不是用自重 $G$ 计算"稳定力矩",而是根据成桥状态下所有支座反力对倾覆点(或线)的总力矩作为"稳定力矩"。两者实际是相同的,因为成桥状态下,自重 $G$ 与所有支座反力构成一组平衡力系(图 6.9),该力系对任一点(包括倾覆点)取矩必须保持平衡,即 $R_1 \cdot g = G \cdot e$,故两者是相等的。

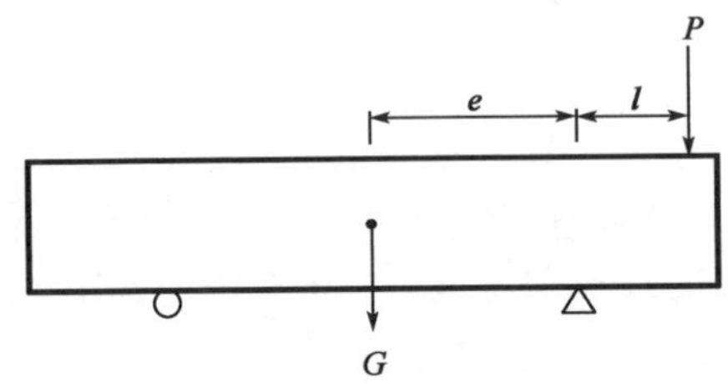


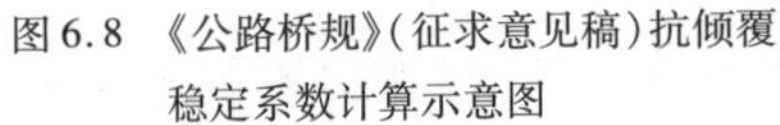
图 6.8 《公路桥规》(征求意见稿)抗倾覆稳定系数计算示意图

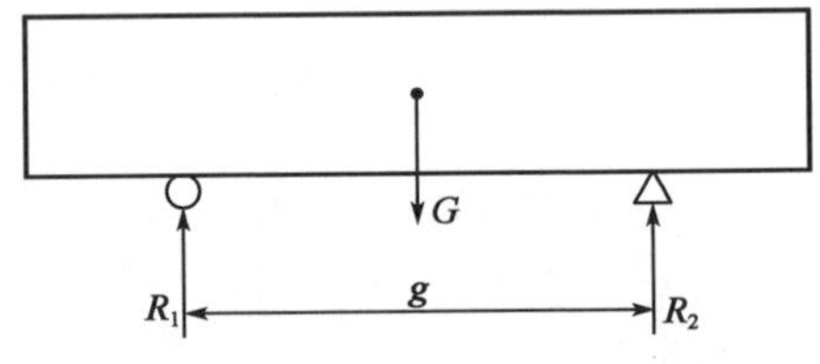


图 6.9 成桥状态下桥梁平衡受力图

分析式(6.5)可知,$\gamma_{qf}$实际上是汽车荷载的安全系数,即按某汽车荷载模式加载,$\gamma_{qf}$倍汽车荷载作用下桥梁会发生倾覆,并未反映出实际稳定力矩与倾覆力矩的比较关系。同时,支座脱空只是桥梁倾覆前的一个平衡状态,并未反映平衡状态是否稳定及稳定安全度的概念，与桥梁抵抗倾覆稳定安全系数有些差别。

### 6.3.2 英美以及铁路规范中抗倾覆稳定系数的含义

对于桥梁绕倾覆点的倾覆，桥梁自重应沿倾覆线划分成 $G_1$、$G_2$ 两部分。其中，$G_1$ 是对稳定不利的自重部分，而 $G_2$ 才是对稳定有利的自重部分。桥梁自重必然产生一个倾覆力矩 $G_1 \cdot e_1$ 与一个稳定力矩 $G_2 \cdot e_2$，此外，汽车荷载产生一个倾覆力矩 $p \cdot l$，见图6.10。这样，总稳定力矩为 $M_d = G_2 \cdot e_2$，总倾覆力矩$M_q = p \cdot l + G_1 \cdot e_1$，由此得到的抗倾覆稳定系数为：

$$K = \frac{M_d}{M_q} = \frac{G_2 \cdot e_2}{p \cdot l + G_1 \cdot e_1} \tag{6.6}$$

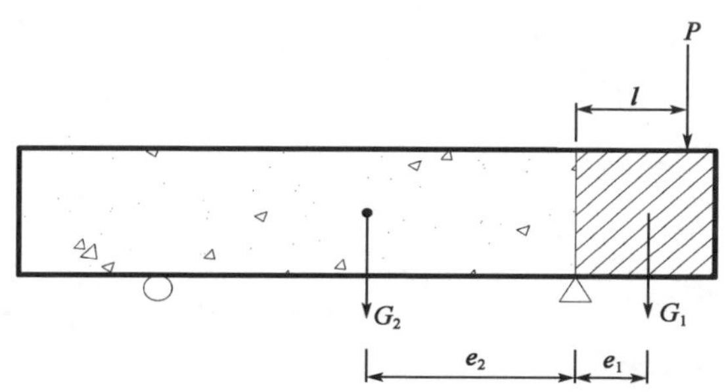


图6.10 英美及铁路规范抗倾覆稳定系数计算示意图

由上式得到的 $K$ 才是符合物理意义的抗倾覆稳定系数，真正反映了稳定力矩与倾覆力矩的对抗关系。

从以上分析可知，$\gamma_{qf}$与 $K$ 的计算方法以及反映的内涵是有区别的。$\gamma_{qf}$值直观地反映了汽车荷载加到 $\gamma_{qf}$倍时桥梁处于倾覆失稳临界状态。而 $K$ 的物理概念更明确，精确表达了稳定力矩与倾覆力矩的对比关系，$K$ 值说明$(p \cdot l + G_1 \cdot e_1)$整体增大(实际上只增大 $p \cdot l$ 项而 $G_1 \cdot e_1$ 固定不变)到 $K$ 倍时，桥梁即处于倾覆失稳临界状态。从式(6.5)、式(6.6)的特点来看，当桥梁处于倾覆临界状态时，$\gamma_{qf}$、$K$ 值均为1，而稳定状态下，同一工况 $\gamma_{qf}$的计算值大于 $K$ 值，反之，不稳定状态下，$\gamma_{qf}$值小于 $K$ 值。

此外，公路桥规规定的桥梁抗倾覆安全系数与其他承载力计算对应的安全度并未很好地联系起来，这样桥梁抗倾覆安全度可能与桥梁抗弯、抗剪等安全度相差较大，致使桥梁整体状态安全度可能不一致。如图6.11所示，某桥在汽车偏载作用下，偏载作用侧支座反力急剧增大，在桥梁发生倾覆之前，可能导致支座混凝土早就被压坏了,此时,规定再大的桥梁抗倾覆安全系数也是于事无补。

因此,设计或施工时应该改变只注重目标控制,即结构完成时的平衡状态 $\sum p_i=0$ 的状况。实际上,在施工或使用过程中产生不协调变形时,力和能量会发生重新分配或转移。如果设计或施工过程忽略或不重视过程控制,就会改变原始平衡方程 $\sum p_i=0$ 中的因子或条件,这样从系统角度可能改变或打破原始平衡状态,造成 $\sum p_i\neq0$。因此,设计和施工过程中,一定要综合考虑"系统细节、平衡稳定、目标控制、过程控制"四个要素之间的相互关系,真正达到"综合把握工程结构构造合理和整体共同受力与变形协调以及防止出现薄弱部位或环节"的全过程稳定平衡目标。

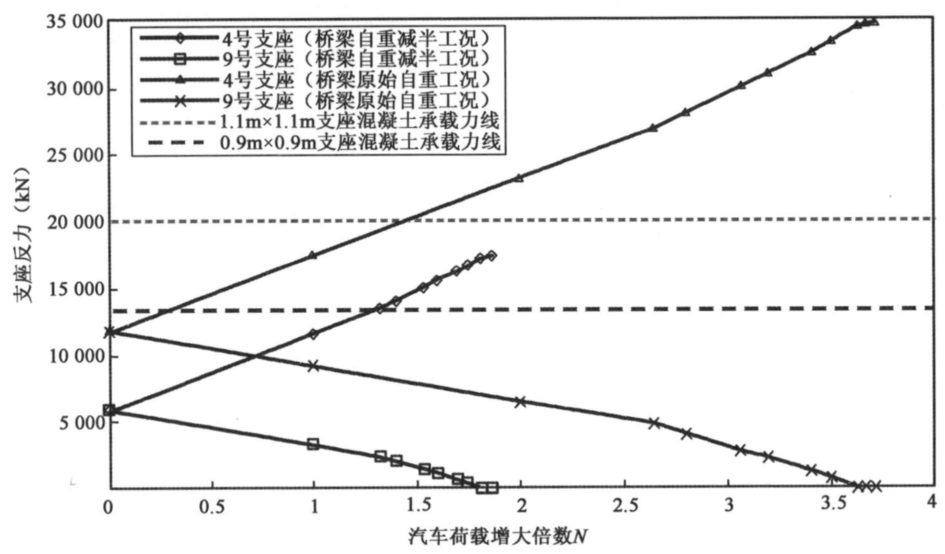


图 6.11 不同桥梁自重下相对两支座反力随汽车荷载增大倍数的变化关系

## 6.4 某 6×20m 连续梁桥倾覆稳定性分析

针对某 6×20m 连续梁桥,分别采用《公路桥规》(征求意见稿)与英美规范方法分析该桥的支座脱空情况与抗倾覆稳定性,并结合该桥的破坏特征对桥梁倾覆破坏机理进行初步探讨。

### 6.4.1 桥梁的基本概况

某 6×20m 连续梁桥按《公路桥涵设计通用规范》(JTG D60—2004)设计。其中,$A$、$D$、$E$、$H$ 匝道中间墩采用独柱墩设计,6×20m 联箱梁位于直线段。该桥桥型:钢筋混凝土连续箱梁;桥面宽度:0.5m+7m+0.5m;横坡:单向2%;桥面铺装:9cm 厚沥青混凝土;荷载等级:汽车—超20级,挂车—120级。上部结构采用单箱单室构造,C40 混凝土,箱梁高1.3m,箱梁底宽4m,梁顶宽8m,底板与顶板厚度均为20cm。每一联桥梁端部采用双支座,中间墩均为独柱单支座,端部双支座中心间距为2.8m。midas 计算模型、支座编号以及箱梁截面,如图6.12和图6.13所示。

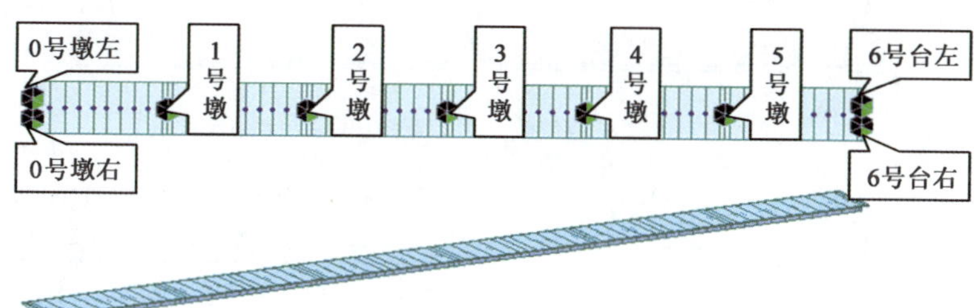


图6.12 该桥箱梁计算模型及支座编号

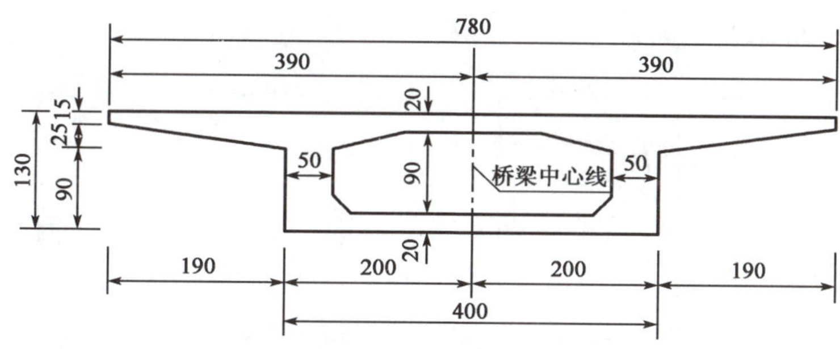


图6.13 该桥箱梁横断面(尺寸单位:cm)

### 6.4.2 主要计算参数

(1)主梁恒载:主梁结构部分自重由程序自动计入,非结构部分受力以集中力或均布力的方式计入。

(2)二期恒载:①桥面铺装层9cm 沥青混凝土铺装:0.09×7×24=15.12kN/m。②单侧防撞护栏重10kN/m。

(3)汽车荷载按实际车道布载:规范规定桥面宽度等于7m,单向行驶时为二车道。分别采用以下三种不同的汽车荷载进行组合:

①《公路桥涵设计通用规范》(JTG D60—2004)公路—Ⅰ级荷载;②1.3倍公路—Ⅰ级车道荷载:计算支座反力时,均布荷载标准值 $q_k$ 应乘以1.3的系数,集中荷载标准值 $P_k$ 应乘以1.3倍的系数进行计算;③重车(1.2倍标准荷载)自

定义车辆荷载:考虑车辆超载情况,按 1.2 倍的规范 55t 车辆荷载进行加载计算,车队纵向两车的前后轮轮距为 10m。

车道荷载偏载作用见图 6.14,自定义重车车队见图 6.15。

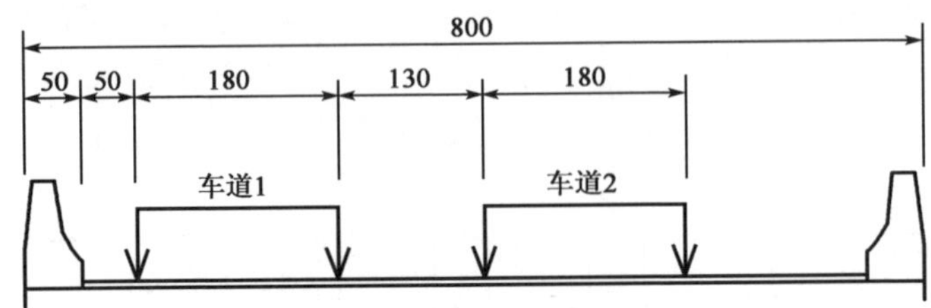


图 6.14 车道荷载偏载作用示意图(尺寸单位:cm)

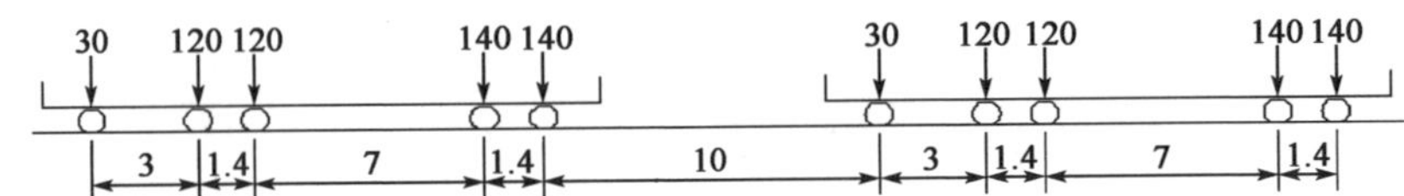


图 6.15 自定义重车车队示意图(尺寸单位:m)

(4)温度荷载:温度梯度见图 6.16。

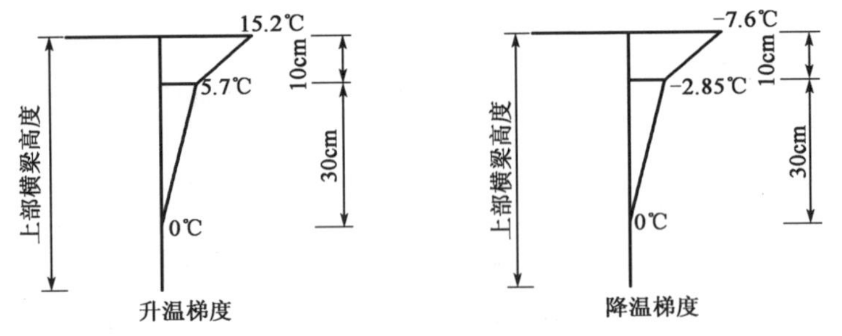


图 6.16 温度梯度图

(5)基础沉降:基础沉降按 $L/3\ 000$ 计算,即按 0.5cm 考虑。

(6)冲击系数:参照《公路桥涵设计通用规范》(JTG D60—2004)第 4.3.2 条,按结构基频考虑计算。

(7)计算模型与计算工况。采用 midas 空间杆系计算模型(图 6.12),计算模型由宁波交通设计院直接提供,计算工况如下。

工况 1:恒载 + 车道偏载(公路—Ⅰ级)+ 支座沉降 + 温度荷载,也是《公路桥规》(征求意见稿)要求计算的工况。

工况 2:某桥发生坍塌事故时的实际车辆荷载约为 389t,按某省交通运输厅规定的工况 3 布置形式,布置车辆荷载总重 389t。这里补充说明一点,由于发生坍塌事故时,车辆轴距以及车辆间距不知道,这里按某省交通运输厅规定的工况

3 布置形式布置车辆荷载保持总重为 389t，这样工况 2 只是近似反映发生事故时的车辆荷载情况。

### 6.4.3 计算方法

依据《公路桥规》（征求意见稿），采用 midas-civil 软件建立连续箱形梁的空间梁单元计算模型，计算成桥状态各支座的反力值（因为温度荷载、支座不均匀沉降对桥梁倾覆无影响，仅计入自重作用）。计算汽车荷载对指定倾覆轴线产生的倾覆力矩。最后，根据式（6.1）~式（6.3）计算公路桥规抗倾覆稳定系数 $\gamma_{qf}$。

依据英国规范与铁路桥规的基本要求，将梁体看成刚体，以倾覆轴线为界，将桥梁的横向截面分成两部分，靠近汽车荷载偏载一侧为 $S_q$，其质心为 $Z_q$，另一侧为 $S_d$，质心为 $Z_d$，见图 6.17。在桥梁横向倾覆的临界状态，$S_q$ 部分截面的箱梁自重和桥面铺装、栏杆自重提供倾覆力；$S_d$ 部分截面的箱梁自重和桥面铺装、栏杆自重提供稳定力；汽车荷载按《公路桥涵设计通用规范》（JTG D62—2012）规定采取最不利布置，车道均布荷载和集中力或车辆荷载都重叠为一个倾覆力 $F_q$，力臂为 $T_q$；上述所有稳定力对倾覆轴线的稳定力矩之和与倾覆力对倾覆轴线的倾覆力矩之和的比值称为抗倾覆稳定系数。

$$K = \frac{\sum M_d}{\sum M_q} = \frac{G_d \times D_d + E_d \times H_d + L_d \times J_d}{G_q \times D_q + E_q \times H_q + L_q \times J_q + F_q \times T_q} \tag{6.7}$$

式中：$G_q$——$S_q$ 部分截面箱梁自重；

$D_q$——$G_q$ 的力臂；

$E_q$——$S_q$ 部分截面铺装自重；

$H_q$——$E_q$ 的力臂；

$L_q$——$S_q$ 部分截面栏杆自重；

$J_q$——$L_q$ 的力臂；

$F_q$——汽车荷载倾覆力；

$T_q$——$F_q$ 的力臂；

$G_d$——$S_d$ 部分截面箱梁自重；

$D_d$——$G_d$ 的力臂；

$E_d$——$S_d$ 部分截面铺装自重；

$H_d$——$E_d$ 的力臂；

$L_d$——$S_d$ 部分截面栏杆自重；

$J_d$——$L_d$ 的力臂。

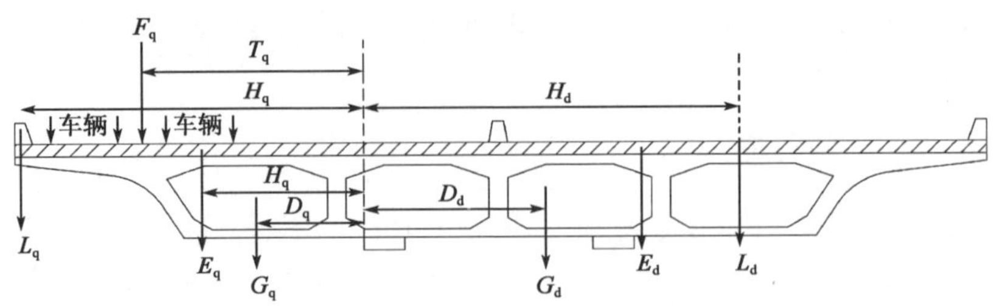


图6.17　抗倾覆稳定系数 $K$ 计算示意图

## 6.4.4　计算结果及分析

从表6.1可以看出,不管是在《公路桥规》(征求意见稿)要求的工况1作用下,还是在实际发生坍塌事故的工况2作用下,支座均出现脱空,不满足规范对支座脱空的要求。但是支座脱空并不表示桥梁一定会发生倾覆,支座脱空只是倾覆前的一种平衡状态。为此,分别采用《公路桥规》(征求意见稿)与英美规范方法计算桥梁抗倾覆稳定系数,见表6.1~表6.6,对应的倾覆轴线为0号墩与6号墩同侧支座中心线。对于工况1,《公路桥规》(征求意见稿)抗倾覆稳定系数 $\gamma_{qf}$ 为5.72,满足《公路桥规》(征求意见稿)要求的2.5;英国规范抗倾覆稳定系数 $K$ 为2.80,满足安全系数1.5的要求。对于实际发生事故的工况2,公路桥规抗倾覆稳定系数 $\gamma_{qf}$ 为2.01;英国规范抗倾覆稳定系数 $K$ 为1.64,满足安全系数1.5要求,即桥梁在此工况下并不会直接发生倾覆事故。

根据工况2作用下各支座反力(表6.1),计算支座底部混凝土的压应力,见表6.2。由计算结果可知,在实际发生事故的工况2作用下,所有支座底部混凝土压应力超过了混凝土抗压强度设计值,支座底部混凝土会被压坏。由于缺乏桥墩的配筋资料,这里只是按素混凝土计算支座底部混凝土的压应力的抗压强度,而没有按局部承压计算方法计算墩顶混凝土的抗裂性与承载力。图6.18给出了该桥破坏时墩顶混凝土的状态,以上分析的破坏特征与图片反映的破坏现象接近。

因此,该桥梁在倾覆发生之前可能发生支座底部混凝土的受压破坏。桥梁在汽车偏载作用下,偏载作用侧支座反力急剧增大,在桥梁发生倾覆之前,可能出现支座或支座混凝土提前被压坏。而支座或支座混凝土被压坏将导致桥梁发生倾斜,梁体的水平力必然显著增大,可能超过支座所能提供的最大水平抵抗力,从而发生桥梁侧移现象。随着侧移加大,桥梁的倾覆力矩增大,相应的抵抗力矩减小,抗倾覆稳定系数减小,最终可能导致桥梁发生倾覆破坏。本工程属于"实际工程结构施工和使用过程中还存在从稳定平衡到不稳定平衡的亚稳定平衡状态(即状态2)。"

通过上述实例分析可知,桥梁倾覆破坏的机理比较复杂。可能是直接发生桥梁倾覆导致桥梁破坏,也可能是支座或桥墩首先破坏,发生桥梁侧移,最终由桥梁倾覆导致桥梁破坏。而目前规范仅对直接发生桥梁倾覆导致桥梁破坏作出了规定,未就侧移等其他因素导致的倾覆提出相应的预防办法。因此,有必要深入研究桥梁倾覆破坏机理,分析桥梁倾覆与侧移的基本力学条件、倾覆与侧移之间相互耦合关系。还要研究桥梁倾覆破坏与其他破坏形态(如梁体抗弯破坏、桥墩破坏等)之间的关系,以及如何按基本相同的安全度或目标可靠指标预防桥梁可能的破坏形式,避免出现桥梁破坏的薄弱环节,把桥梁安全控制在合理的安全水平。

**某6×20m连续梁支座反力**　　表6.1

| 墩台编号 | 支座位置 | 性　质 | 支座反力值(kN) | |
|---|---|---|---|---|
| | | | 工况1 | 工况2 |
| 0号墩 | 左 | 最大值 | 1908.0 | 4079.5 |
| | | 最小值 | -341.2 | -1811.6 |
| | 右 | 最大值 | 1908.0 | 4079.5 |
| | | 最小值 | -341.2 | -1811.6 |
| 1号墩 | 独柱墩 | 最大值 | 4713.5 | 6857.2 |
| | | 最小值 | 2473.3 | 2271.9 |
| 2号墩 | 独柱墩 | 最大值 | 4386.8 | 6402.1 |
| | | 最小值 | 2037.3 | 1764.4 |
| 3号墩 | 独柱墩 | 最大值 | 4504.8 | 6528.4 |
| | | 最小值 | 2157.0 | 1887.9 |
| 4号墩 | 独柱墩 | 最大值 | 4386.8 | 6426.2 |
| | | 最小值 | 2037.3 | 1746.2 |
| 5号墩 | 独柱墩 | 最大值 | 4713.5 | 6862.8 |
| | | 最小值 | 2473.3 | 2280.9 |
| 6号台 | 左 | 最大值 | 1908.0 | 4214.3 |
| | | 最小值 | -341.2 | -2007.8 |
| | 右 | 最大值 | 1908.0 | 4214.3 |
| | | 最小值 | -341.2 | -2007.8 |

a)

b)

c)

图6.18 某6×20m连续梁桥墩顶混凝土破坏情况

**某6×20m连续梁支座反力** 表6.2

| 墩编号 | 支座位置 | 性质 | 支座反力数值(kN) | | |
|---|---|---|---|---|---|
| | | | 工况1 | 工况2 | 工况3 |
| 0号墩 | 左 | 最大值 | 1 908.0 | 2 288.0 | 2 933.0 |
| | | 最小值 | -341.2 | -592.4 | -890.6 |
| | 右 | 最大值 | 1 908.0 | 2 288.0 | 2 933.0 |
| | | 最小值 | -341.2 | -592.4 | -890.6 |
| 1号墩 | 独柱墩 | 最大值 | 4 713.5 | 5 156.7 | 4 933.5 |
| | | 最小值 | 2 473.3 | 2 430.0 | 2 423.2 |
| 2号墩 | 独柱墩 | 最大值 | 4 386.8 | 4 822.0 | 4 606.6 |
| | | 最小值 | 2 037.3 | 1 969.9 | 1 861.2 |
| 3号墩 | 独柱墩 | 最大值 | 4 504.8 | 4 944.2 | 4 765.4 |
| | | 最小值 | 2 157.0 | 2 097.4 | 1 909.9 |

续上表

| 墩编号 | 支座位置 | 性质 | 支座反力数值(kN) | | |
|---|---|---|---|---|---|
| | | | 工况 1 | 工况 2 | 工况 3 |
| 4 号墩 | 独柱墩 | 最大值 | 4 386.8 | 4 822.0 | 4 606.6 |
| | | 最小值 | 2 037.3 | 1 969.9 | 1 861.2 |
| 5 号墩 | 独柱墩 | 最大值 | 4 713.5 | 5 156.7 | 4 933.5 |
| | | 最小值 | 2 473.3 | 2 430.0 | 2 423.2 |
| 6 号台 | 左 | 最大值 | 1 908.0 | 2 288.0 | 2 933.0 |
| | | 最小值 | -341.2 | -592.4 | -890.6 |
| | 右 | 最大值 | 1 908.0 | 2 288.0 | 2 933.0 |
| | | 最小值 | -341.2 | -592.4 | -890.6 |

**某 3×30m 简支梁支座反力表**(工况 1)　　表 6.3

| 墩 编 号 | 支 座 位 置 | 性 质 | 支座反力(kN) |
|---|---|---|---|
| 0 号墩 | 左 | 最大值 | 4 947.8 |
| | | 最小值 | 118.9 |
| | 右 | 最大值 | 4 947.8 |
| | | 最小值 | 118.9 |
| 1 号墩 | 左 | 最大值 | 4 947.8 |
| | | 最小值 | 118.9 |
| | 右 | 最大值 | 4 947.8 |
| | | 最小值 | 118.9 |

**某 3×30m 简支梁桥梁抗倾覆稳定系数 $\gamma_{qf}$**(工况 1)　　表 6.4

| 支 座 编 号 | 0 号墩右 | | 1 号墩右 | | 0 号墩左 | 1 号墩左 |
|---|---|---|---|---|---|---|
| 支座反力 $R_{Gi}$(kN) | 1 612.8 | | 1 612.8 | | 0.0 | 0.0 |
| 支座到倾覆轴线距离 $x_i$(m) | 6.1 | | 6.1 | | 0 | 0 |
| $R_{Gi}\times x_i$(kN·m) | 9 838.1 | | 9 838.1 | | 0.0 | 0.0 |
| $\sum R_{Gi}\times X_i$(kN·m) | 19 676.2 | | | | | |
| 汽车荷载力矩计算参数 | $1+\mu$ | $q_{k1}+P_k$(kN) | $e_1$(m) | $e_2$(m) | $e_3$(m) | |
| | 1.243 | 531 | 8.05 | 4.95 | 1.85 | |
| $\sum(1+\mu)(Q_{k1}+P_k)e_i$ (kN·m) | 9 801.5 | | | | | |
| 抗倾覆稳定系数 $\gamma_{qf}$ | 2.01 | | | | | |

某 3×30m 连续梁(支座间距为 6.1m)抗倾覆稳定系数计算结果　表 6.5

| 桥梁自重与原始桥梁自重比值 | 100% | 80% | 60% | 40% | 29.38% | 25% | 23% |
|---|---|---|---|---|---|---|---|
| 《公路桥规》(征求意见稿)抗倾覆稳定系数 $\gamma_{qf}$ | 8.51 | 6.81 | 5.11 | 3.40 | 2.50 | 2.13 | 1.96 |
| 英国规范抗倾覆稳定系数 $K$ | 2.50 | 2.39 | 2.23 | 1.97 | 1.75 | 1.63 | 1.56 |

某 3×30m 连续梁(支座间距为 3.8m)抗倾覆稳定系数计算结果　表 6.6

| 桥梁自重与原始桥梁自重比值 | 100% | 90% | 80% | 70% | 60% |
|---|---|---|---|---|---|
| 公路规范抗倾覆稳定系数 $\gamma_{qf}$ | 4.29 | 3.86 | 3.43 | 3.00 | 2.57 |
| 英国规范抗倾覆稳定系数 $K$ | 1.65 | 1.62 | 1.58 | 1.54 | 1.48 |

## 6.5　桥梁倾覆与支座脱空之间的关系

我国《公路桥规》(征求意见稿)规定上部结构的抗倾覆稳定系数不得低于2.5。同时还规定,在作用标准值组合(汽车荷载考虑冲击作用)下,单向受压支座不应处于脱空状态。根据某省交通运输厅《关于独柱式桥墩桥梁稳定性问题座谈会议纪要》(2009)22 号文件,要求按规定的三种工况计算桥梁的支座反力,支座不得出现负反力,以此作为桥梁倾覆计算的依据。同时,有人认为,只要计算桥梁支座反力,保证支座不脱空就能保证桥梁不倾覆。那么,桥梁倾覆与支座脱空的关系究竟如何,这里作简要探讨与分析,供相关人员参考。

支座开始出现脱空只是桥梁整体倾覆失稳前的一种平衡状态。而桥梁倾覆失稳临界状态是倾覆轴线以外所有支座均脱空,此时稍有干扰桥梁就会发生倾覆失稳。因此,仅仅开始出现支座脱空不能反映桥梁倾覆的失稳本质。在某受力条件下,满足全部支座不出现脱空,只能说明在此受力条件下桥梁不会发生倾覆,但其抗倾覆安全度有多大,无法根据支座反力情况确定。此外,支座脱空与桥梁倾覆对结构产生的后果不同,严重程度不同。反复支座脱空会对支座性能产生不利影响,影响结构的正常使用,类似于混凝土结构的开裂问题。桥梁倾覆必然对结构产生致命性破坏,属于结构极限承载能力范畴,类似于混凝土结构抗弯极限承载能力问题。在混凝土结构设计时,防止抗弯破坏采用的安全度要比抗裂性计算的安全度要大。同理,防止桥梁倾覆的安全度应比预防支座脱空的安全度要大。因此,仅仅计算支座反力,保证其不脱空,只是满足了结构的正常使用的要求,还应该考虑更大的安全度分析桥梁的抗倾覆稳定性。两者之间不能相互包含,应当分别验算,正如要分别验算混凝土梁的抗裂性与抗弯承载力一样。以下通过两个算例分析,进一步说明支座脱空与抗倾覆稳定性计算的关系。

**【实例6.1】**　以某6×20m连续梁为研究对象(该桥的基本情况与计算参数见第6.4节),分析支座脱空与倾覆稳定性计算之间的关系。计算支座反力的工况(某省交通运输厅规定的3种工况)如下。

工况1:恒载+车道偏载(公路—Ⅰ级)+支座沉降+温度荷载;

工况2:恒载+1.3车道偏载(公路—Ⅰ级)+支座沉降+温度荷载;

工况3:恒载+1.2车道偏载(自定义车辆荷载)+支座沉降+温度荷载。

针对以上3种工况,用midas程序计算出该桥支座反力,见表6.2。3种工况下,桥梁支座均出现脱空现象。其中,工况1是《公路桥规》(征求意见稿)要求计算的工况。可见,该桥不满足支座脱空的要求。同时,按6×20m《公路桥规》(征求意见稿)方法计算出该桥的抗倾覆稳定系数(对应工况1)为5.72,满足《公路桥规》(征求意见稿)安全系数2.5的要求。通过本例可知,满足抗倾覆稳定性要求的桥梁不一定能满足抗支座脱空的要求。

**【实例6.2】**　以某3×30m简支梁为研究对象,基本截面参数同第6.4节3×30m连续梁(图6.19)。为了分析支座脱空与抗倾覆稳定性计算之间的关系,将桥梁自重减轻为原自重的35%。相对于混凝土桥梁,组合梁桥比钢桥的质量要轻很多,这里通过降低质量来反映质量较轻桥梁的抗倾覆稳定性。同此

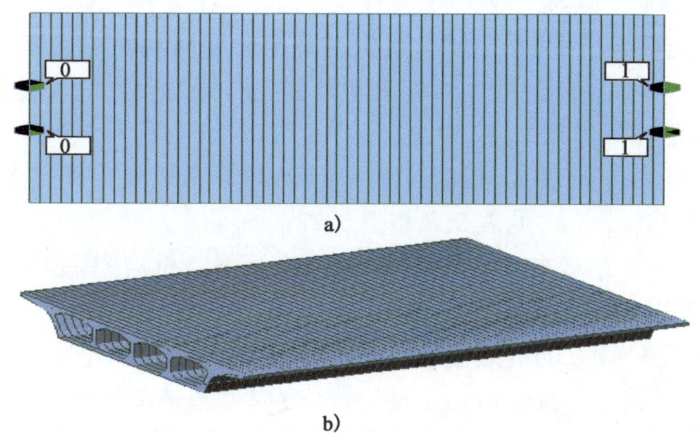


图6.19　某3×30m简支箱梁计算模型

采取《公路桥规》(征求意见稿)要求的工况(即【算例 6.1】中的工况 1),计算该桥的支座反力,结果见表 6.3。支座反力未出现负值,不会出现支座脱空,满足规范抗支座脱空要求。同时,按《公路桥规》(征求意见稿)方法计算出该桥的抗倾覆稳定系数(表 6.4)为 2.01,小于《公路桥规》(征求意见稿)安全系数 2.5 的要求。通过本例可知,满足规范抗倾覆稳定性要求的桥梁不一定能满足抗支座脱空要求。

## 6.6 《公路桥规》(征求意见稿)与英国规范抗倾覆稳定性安全系数的比较

我国《公路桥规》(征求意见稿)规定上部结构的抗倾覆稳定系数 $\gamma_{qf}$不得低于 2.5。英国规范实际要求安全系数不低于 1.5。表面上看,我国《公路桥规》(征求意见稿)规定的抗倾覆稳定系数大于英国规范安全系数,似乎安全度也相应高一些。但是由于两个规范对于桥梁抗倾覆稳定系数存在不同的理解(第 6.3 节),对应的计算方法也不完全相同,对于同一计算工况,用两种方法计算出的抗倾覆稳定系数并不相同。当桥梁处于倾覆临界状态时,$\gamma_{qf}$、$K$ 值均为 1,而稳定状态下,同一工况 $\gamma_{qf}$的计算值大于 $K$ 值;反之,不稳定状态下,$\gamma_{qf}$值小于 $K$ 值。因此,《公路桥规》(征求意见稿)的 $\gamma_{qf}$不得低于 2.5 与英国规范 $K$ 不低于 1.5,到底哪一项偏于安全与桥梁的实际情况而定,不能直接依据 $\gamma_{qf}$与 $K$ 的大小来定。以下列出两个算例说明两者之间的区别与联系。

**【实例 6.3】** 以某 3 × 30m 连续梁为研究对象(桥梁布置与横截面见图 6.20),改变桥梁自重(在原桥自重的基础上改变材料相对密度,不改变结构的其他参数)。采用《公路桥规》(征求意见稿)要求的荷载工况,具体为:桥梁自重 +《公路桥涵设计通用规范》中的公路—I 级车道荷载(3 个车道同时布置,见图 6.21),分别采取《公路桥规》(征求意见稿)与英国规范计算方法计算该桥梁抗倾覆稳定系数 $\gamma_{qf}$与 $K$,见表 6.5 与图 6.22。

从本实例计算结果来看,同一计算条件下,《公路桥规》(征求意见稿)$\gamma_{qf}$计算值大于英国规范 $K$ 的计算值。当桥梁自重降为原桥的 29.38% 时,按《公路桥规》(征求意见稿)计算的抗倾覆稳定系数 $\gamma_{qf}$为 2.5,即此时桥梁刚好满足《公路桥规》(征求意见稿)的抗倾覆稳定性要求,对应英国规范抗倾覆稳定系数 $K$ 为 1.75,相对于安全系数 1.5 还有一定富余。当桥梁自重降为原桥的 23% 时,英国规范抗倾覆稳定系数 $K$ 为 1.56,满足规范要求,对应的按《公路桥规》(征求意见稿）计算的抗倾覆稳定系数 $\gamma_{qf}$ 为 1.96，不满足《公路桥规》（征求意见稿）要求。可见，满足英国规范要求的桥梁不一定能满足《公路桥规》（征求意见稿）的要求。

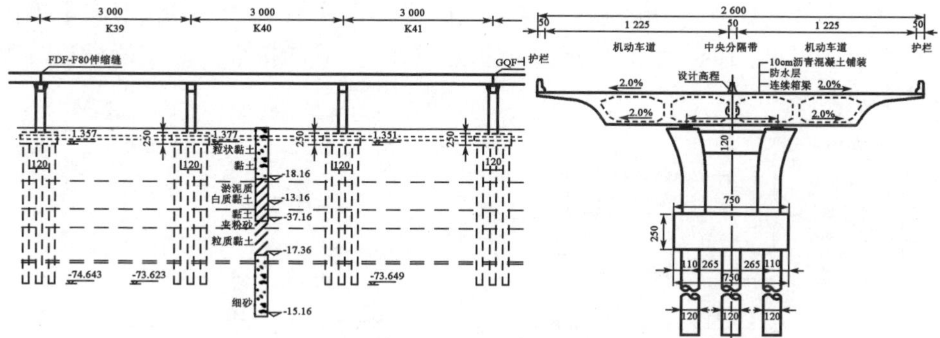


图 6.20　桥梁布置与横断面图（尺寸单位：cm）

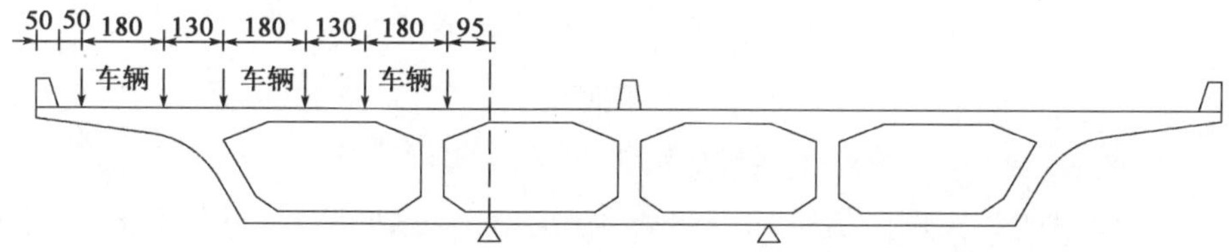


图 6.21　不利偏载车辆荷载加载示意图（尺寸单位：cm）

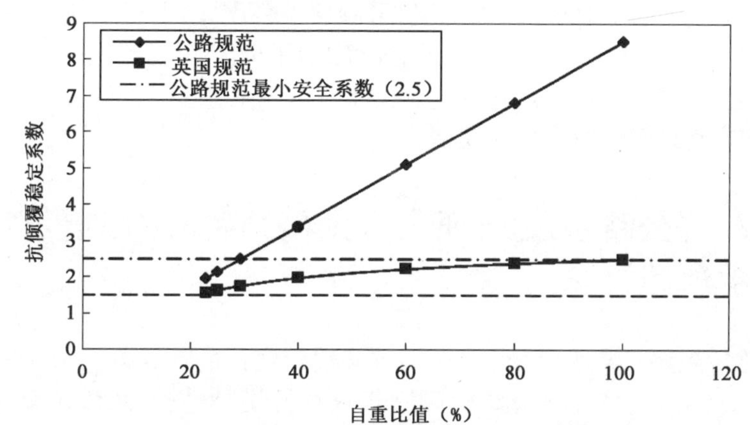


图 6.22　不同自重下桥梁抗倾覆稳定系数（算例 6.3）

**【实例 6.4】**　仍以某 3×30m 连续梁为研究对象，将桥梁支座中心距由原桥的 6.1m 变为 3.8m。同时改变桥梁自重，分别采取《公路桥规》（征求意见稿）与英国规范计算方法计算不同自重下该桥梁的抗倾覆稳定系数 $\gamma_{qf}$ 与 $K$，见

表6.6与图6.23。荷载工况同【实例6.3】。

从本实例计算结果来看,当桥梁自重降为原桥的60%时,按《公路桥规》(征求意见稿)计算的抗倾覆稳定系数$\gamma_{qf}$为2.57,满足《公路桥规》(征求意见稿)的抗倾覆稳定性的要求,对应的英国规范抗倾覆稳定系数$K$为1.48,不满足英国规范要求。可见,满足《公路桥规》(征求意见稿)要求的桥梁不一定能满足英国规范要求。

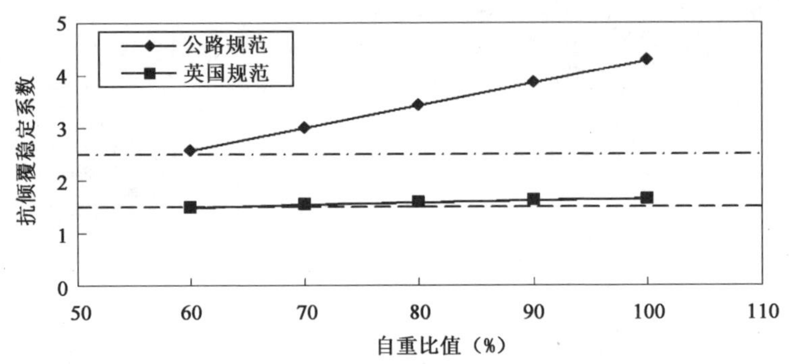


图6.23　不同自重下桥梁抗倾覆稳定系数

通过以上两个实例分析可知,《公路桥规》(征求意见稿)中的抗倾覆稳定系数$\gamma_{qf}$与英国规范中的抗倾覆稳定系数$K$不能直接比较,不同桥梁自重,得出的比较结论不相同。针对同一计算工况,不倾覆条件下$\gamma_{qf}$大于$K$,但并不表示我国桥梁的抗倾覆稳定安全度高。因此,要根据不同的桥梁特点,系统地分析常见桥梁的两类抗倾覆稳定系数,建立起两类系数的联系,供设计部门或管理部门参考,以便更确切地了解桥梁抗倾覆能力。

## 6.7 《公路桥规》(征求意见稿)桥梁抗倾覆稳定性安全系数取值的讨论

《公路桥规》(征求意见稿)对桥梁抗倾覆稳定性的计算方法与必须满足的安全系数2.5作了规定。《公路桥规》(征求意见稿)对安全系数2.5的来源仅作了如下说明:“综合结构倾覆不先于结构延性破坏、实际运营汽车荷载与设计汽车荷载相互关系,确定箱梁桥的抗倾覆稳定系数不应小于2.5。”根据该说明,还很难知道满足《公路桥规》(征求意见稿)的要求,桥梁到底具有多大抗倾覆能力,能够承受多重的偏载车辆等问题有待深入研究。当然,这里需要指出一点,桥梁具备一定的抗倾覆安全系数,并不表示在交通管制方面可以允许超载车辆在桥上随意运行，而是为了规定范围内的车辆在桥上安全运行。但是站在研究的角度，有必要弄清楚满足规范要求的桥梁，抗倾覆稳定性的极限能力有多大，对于目前可能出现的超载车辆，满足规范安全系数2.5要求，桥梁是否会有倾覆危险。这里通过两个实例对此问题进行分析。

据统计，2003年全国范围内公路货车超载车辆占60%以上，一般超载2~3倍，最大达7倍。设计规范车辆荷载规定的重车为55t，按超载2~3倍计算，车辆荷载达到110~165t，取其中间值140t作为常见车辆荷载进行桥梁抗倾覆计算。参照某省交通运输厅规定的工况3布置车辆，即车队纵向相邻车辆的前后轮轮距为10m，而且不管桥梁宽度如何，仅在桥上最不利位置布置一线140t超载车辆荷载，以此作为常见超载车辆荷载计算工况（以下称为常见超载工况）。这一工况也是某省交通运输规划设计研究院在检算桥梁倾覆稳定性指定的计算工况，以反映超载车辆的实际情况。

**【实例6.5】** 以某6×20m连续梁为研究对象（桥梁横截面见图6.13），研究满足规范要求的桥梁能否抵抗常见超载车辆荷载。基于该桥的原始参数，按《公路桥规》（征求意见稿）要求的计算工况（即恒载+公路—I级车道偏载，对应第6.2节的工况1）计算出的抗倾覆稳定系数为5.72，该桥抗倾覆稳定系数远大于2.5。为了研究桥梁抗倾覆稳定系数刚好满足2.5时，桥梁能否抵抗常见超载车辆荷载的作用，改变该桥梁自重（在原桥自重的基础上改变材料比重，不改变结构的其他参数），直到桥梁自重为原桥的43.72%时，工况1（公路—I级）条件下抗倾覆稳定系数刚好为2.5。

从本例计算结果看，当桥梁抗倾覆稳定系数刚好满足规范安全系数2.5的要求时，对于常见的超载车辆荷载，其抗倾覆稳定系数为0.38，不能保证常见的超载车辆荷载作用下桥梁不倾覆。可见，桥梁抗倾覆稳定系数仅仅满足《公路桥规》（征求意见稿）安全系数2.5的要求，对于目前可能出现的常见超载车辆，仍然不能保证桥梁安全。

**【实例6.6】** 以某3×30m连续梁为研究对象（桥梁布置与横截面见图6.20），研究满足规范要求的桥梁能否抵抗常见超载车辆荷载。基于该桥的原始参数，按《公路桥规》（征求意见稿）要求的计算工况（即恒载+公路—I级车道偏载，对应第6.2节的工况1）计算出的抗倾覆安全系数为8.51，该桥抗倾覆稳定系数远大于2.5。为了研究桥梁抗倾覆稳定系数刚好满足2.5时，桥梁能否抵抗常见超载车辆荷载的作用，同样改变该桥梁自重，直到桥梁自重为原桥的29.38%时，工况1条件下抗倾覆稳定系数刚好为2.50。此时，计算基本超载工况下桥梁的抗倾覆稳定系数为0.96。本实例同样反映出：如果桥梁抗倾覆稳定系数仅仅满足《公路桥规》(征求意见稿)安全系数2.5的要求,对于目前可能出现的超载车辆,仍然不能保证不发生倾覆事故。

综合以上两个算例分析可知,对于目前可能出现的常见超载车辆,如果桥梁抗倾覆稳定系数仅仅满足《公路桥规》(征求意见稿)安全系数2.5的要求,仍然无法保证桥梁安全。在当前治超效果不明显的大环境下,既有桥梁和新建桥梁仍将面临超载车辆的考验,桥梁仍面临着倾覆的危险。

为了保证在超载作用下,桥梁不发生倾覆失稳,必须确定实际桥梁运营时车辆的超载量,优先以当地交通运输管理部门车辆超载数据为桥梁倾覆稳定性的检算荷载,若当地交通运输管理部门无实测数据,可用140t重车作为检算荷载。

这里提出了常见超载作用下桥梁抗倾覆稳定的检算方法,检算荷载由车道荷载改为超载车辆荷载,检算荷载根据上文选取,纵向仅布置偏载最大的一个车道,车辆纵向间距按图6.15布置,但各轴重按相同倍数增大,使车辆总轴重等于检算荷载。常见超载作用下桥梁抗倾覆稳定系数建议满足:

$$\gamma_{cz} = \frac{\sum R_{Gi} x_i}{(1+\mu) P_k e} \geqslant 1.1 \tag{6.8}$$

式中各系数意义与式(6.2)相同。

# 7 结构构造措施、设计工法及施工工艺对工程结构安全的影响

## 7.1 合理结构构造措施、设计工法及施工工艺是结构变形协调的必要条件

要确保结构体系受力性能良好,采取合理结构构造措施、设计工法及施工工艺十分必要。有时创新的结构方案与结构体系是否成功就取决于合理结构构造措施、设计工法及施工工艺的应用。结构体系是由不同构件组成的,不同的构件在结构体系中起不同的作用。当结构总体上有所突破时,对结构的细节要求也应有所提高,部分结构细节可能成为设计控制点。往往结构的总体创新最终要落实到某些关键的构造细节上,某些关键构造问题的成功解决有时使结构的总体性能大大提高。正如德国桥梁专家莱昂哈特的著作《钢筋混凝土及预应力混凝土桥建筑原理》所强调:"有关桥梁性能好的构造细节较之复杂的计算更为重要。"

在进行结构设计时,可以借助于基本力学概念创造出前所未有的结构,比如系杆拱桥、钢筋混凝土组合桥、斜拉桥、悬索桥、斜拉悬索组合体系桥梁、盾构隧道、大型地下空间等。随着计算机技术的广泛应用以及力学分析手段的不断进步,结构工程师可以借助先进的计算理论与计算工具对复杂的新型结构体系的受力行为进行计算分析。但是力学计算模型是从工程实践中抽象出来的理论形式,在运用到结构计算时必须能够还原成实体结构,要能够较准确地反映实际结构的受力行为,从而达到设计计算的目的。即便是模型试验,也与实体结构有一定差距。现代结构设计往往借助先进的计算手段,建立结构体系的计算模型,计算体系内各个构件的内力,然后根据结构设计原理进行构件设计。构件设计的原理与方法比较成熟,这方面也强调得非常多,而对结构体系设计往往重视得不够,特别是如何使计算模型较为准确地反映实际结构的受力状态考虑不够,尤其是良好的计算机软件界面，常常使许多计算分析者依赖于计算机的计算结果，而忽视对结构原型的分析。

合理结构构造措施、设计工法及施工工艺是满足结构变形协调条件，保证结构体系的力、变形与能量按预定的设计路径传递或转移的必要条件。例如，结构力学中桥梁支承点只是一个简单的铰接点或者加摆杆的铰接点，而桥梁的支座则必须是具有一定的支承强度且能适应不同位移变化要求的实体部件。如果工程师只设计出了桥梁的结构力学体系，忽略了支座的构造细节，将无法建成与设计力学体系意图相一致的桥梁。按照薄壁结构力学理论计算薄壁杆件的扭转时，计算模型中包含了杆件截面周边不变形假定，为使实际结构与理论计算模型接近，必须在薄壁杆件上按一定间距设置横隔板。组合梁桥按平截面假定计算抗弯承载力，这需要钢筋混凝土板与钢梁之间牢固连接，不发生相对错动。要满足这一要求，在钢筋混凝土板与钢梁之间必须设置剪力连接件，而且剪力连接件的布置必须满足一定的构造要求，才能确保设计受力与按平截面假定的计算结果基本接近。预应力梁截面预压应力往往集中在锚具附近不能在全截面有效合理分布，只有采取合适的构造措施（如加强锚固区构造钢筋）才能保证预压应力合理分布。

地下工程的力学原则是“充分发挥围岩的自承能力”和“基本维持围岩的原始状态”，稳定平衡方程是 $P$（自承能力）（↑）+ $T$（支护力）[↓（有益力↑、有害力↓）]≥有 $P_0$（原始内力）[附注：( )中内容只是方便读者理解，不是表达式的要素]。当地面变形有严格要求时，必须满足变形协调关系，施工中要严格遵循；当地面变形没有要求时，变形协调关系可以适度调整，方便施工。但无论何种情况，均必须做到“结构合理、风险可控”，即整体结构设计分析必须与结构构造措施及设计工法和实际施工工艺控制等相匹配。隧道力学响应与施工程序引起的应力转移路径密切相关，隧道设计施工控制的实质就是软弱围岩稳定性控制的及时性与有效性的问题。对比惰性浆液与硬性浆液在盾构施工中的作用，能够清楚地看出满足变形协调要求的结构构造措施对于结构体系中变形与能量的有效传递十分重要。

(1)惰性浆液：不符合变形协调关系，稳定密封介质围岩除外；充填介质不能有效调动或恢复软弱（土）围岩自承能力，难于维持原始稳定平衡状态。例如：广州地铁某硬岩中注惰性浆液盾构列车运行不稳，加注水玻璃凝固后列车运行才稳定；上海地铁一期某软土注惰性浆液盾构容易渗漏水，造成沉降不稳定。

(2)硬性浆液：符合变形协调关系，充填介质能有效发挥或恢复软弱（土）围岩自承能力，至少维持原始稳定平衡状态。例如：上海地铁后期软土注硬性浆液盾构很少渗漏水；杭州钱江通道注硬性浆液盾构较稳定。

在实际结构建造中，对结构构造和施工工艺细节重视不够，或是当时的认识水平有限，有些结构构造和施工工艺细节不能适应结构体系的需求，容易导致结构破坏，而合理的结构构造和施工工艺细节可以提高结构的受力性能。比如，公路T形梁之间的接缝以及横向连接系强度不够，汽车活载在横向不能按设计要求传递，外荷载无法在桥梁体系内部进行合理分配，导致直接接触车轮的梁承载过重，容易导致桥梁垮塌事故。系杆拱桥的吊杆与系梁连接构造处理不合理，容易导致吊杆除出现轴向受拉外，还会出现剪切与弯扭等复杂的组合受力状态（该状态在设计计算中往往没有考虑），可能由桥梁局部损坏导致结构整体破坏。20世纪60~80年代修建的双曲拱桥、刚架拱桥、浆砌块石拱桥以及近期修建的少数新型组合结构桥梁等，由于体系内部构件之间的连接构造不合理，从而不能由单个构件部分受力体转变为整体结构共同受力体，最终导致结构受损。德国第二次世界大战时期修建的第一条高速公路至今运营良好，这与德国桥梁专家莱昂哈特非常重视结构构造和施工工艺细节有关（莱昂哈特是技术主管）。

合理结构构造措施、设计工法及施工工艺必须确保设计工程结构的平衡稳定与变形协调，才能真正做到工程结构施工过程控制和使用状态安全，即整体结构分析和过程控制保障相匹配同样重要，共同确保工程结构安全。就像中医诊断弃病灶，西医检查杀病毒，中西医结合诊断或检查后杀病毒和弃病灶并举，同样猎人都采用围猎方式，效果更好。本章列出了几个桥梁与地下工程实例，说明合理结构构造措施、设计工法和施工工艺对结构受力的重要影响，希望在实际工程设计、施工、管理中能够避免类似问题。

## 7.2 组合体系桥梁受力安全分析

### 7.2.1 美国PoiniPleasant大桥与韩国圣水桥受力安全分析

中、下承式拱桥吊杆是把桥面系的恒载与活载传递到拱肋的关键受力构件，它的使用正常与否，关系到桥梁的整体寿命和安全。然而，由于受当前设计理论，科学技术和工业水平发展进程的制约，桥梁吊杆吊具的设计、制造、防护、安装、服役、维护、健康诊断、拆换乃至设计寿命的确定、使用一段时间后剩余寿命的预测等，皆无明确、统一的规范。在大量的中、下承式拱桥和悬索桥的吊杆设计、营运、维护、拆换、修复过程中，主要依据设计者的经验判断，缺乏公认的准则，以致吊杆失效造成的桥梁损坏和事故时有发生。

1967年12月15日，美国西佛吉利亚州的PoiniPleasant大桥在没有任何征兆的情况下突然倒塌,造成桥上 31 辆汽车坠落,46 人死亡。该桥是一主跨为 213.4m 的悬索桥,其大缆是眼杆链,眼杆材料是经过热处理的碳钢,事故原因正是眼杆在孔眼处断裂。断裂发生的主要原因是眼杆孔眼处发生应力腐蚀(拉应力使晶粒间出现裂纹,裂纹凭毛细管作用,将空气中的 HZS 和盐类吸入,使腐蚀加剧)和腐蚀疲劳(裂纹因多次承受拉应力而穿过晶粒);但孔眼位于隐蔽位置,其裂纹无法检查也是导致这次事故的一个原因。从此,美国将这一类桥梁封闭不用,也不许新建桥梁再用这一桥式。

1994 年 10 月 21 日,韩国汉城的圣水桥突然断裂。该桥是一悬臂静定钢板梁,主跨 120m,两端伸出的悬臂各长 36m,悬挂跨跨度为 48m。悬挂跨两端的吊杆截面呈工字形,翼缘板厚度为 18mm,为了让吊杆上端采用销钉连接,应将翼缘板与 52mm 厚的竖板进行对接焊(销钉孔是在竖板内设置)。按照正常的工艺规则,在施焊前应该在翼缘板和竖板都开坡口,两面施焊且必须熔透,然后再进行机械加工,使表面平顺。可是,由于该桥建造时对焊接工艺的要求不严,施焊前,没有开坡口。而该对接焊又是被节点板所盖住,裂缝很难被检查出来,这便是断裂事故突然发生的原因。该桥在 1979 年 10 月建成通车,发生事故时仅仅使用了 15 年。

### 7.2.2 宁波灵桥受力安全分析

1931 年,在宁波旅沪同乡会的主持下,上海工部局英籍工程师詹姆森、新仁记营造厂工程师竺泉通开始对灵桥改建进行勘查设计。1934 年 5 月 1 日,由德国西门子洋行承包,灵桥开始改建,至 1936 年 5 月 25 日竣工,成为当时中国最大最新型的独孔大环桥,也是第一座由中国工程师参与设计的同类型桥梁。抗日战争爆发之后,日军对灵桥地区进行了大范围轰炸,但桥梁结构并未受到严重破坏,但周边居民和商铺却因为轰炸损失惨重。1949 ~ 1950 年,国民党军队也对灵桥地区进行了轰炸,同样使得周边居民损失惨重,而灵桥本身受到的破坏并不大。1950 年年底,宁波市人民政府对灵桥进行了整修。1985 年虽然进行了大修,已 76 年至今仍在使用。

1936 年 5 月建成的灵桥为三联钢骨独孔下承式公路桥,长 97.6m,总宽 19.8m,其中,人行道宽 4.5m,最高潮位 4.6m,设计载重 20t。钢架为弧形钢和钢板铆接,总重 455t。宁波灵桥结构为拱与纵系梁组合结构,整体性能良好,其中,纵系梁结构控制桥面漂浮移动使得构件(特别是吊杆)受力符合设计状态和变形协调,吊杆上封下空,杯座内部灌注沥青,防腐效果良好(浙江上虞某斜拉桥更换拉索发现用 150 ~ 200 号沥青封堵 20 多年效果良好),始终处于稳定平衡

（对应前述状态1），满足“综合把握合理结构构造与施工工法和工艺以及材料特性与环境条件，达到整体共同受力与变形协调以及防止出现薄弱部位或环节”的要求，见图7.1和图7.2。

图7.1 宁波灵桥使用状态图

a）灵桥为拱与纵系梁组合结构；b）灵桥的纵系梁结构控制桥面飘浮移动；c）灵桥的吊杆上封下空，杯座内部灌注沥青，防腐效果良好

## 7.2.3 倮果金沙江大桥受力安全分析

倮果金沙江大桥于1995年1月正式竣工通车，该桥为吊杆拱桥，全桥长208m，行车道净宽12m，两侧人行道净宽各3m，伸缩缝为浅埋式型钢伸缩缝。该桥设计荷载汽车超—20级，验算荷载挂—120级，人群荷载每平方米3.5kN。

2012年12月10日上午，倮果金沙江大桥上、下游7号吊杆下端传力锚具系统失效,横梁脱落坠江,导致这一段桥面失去支撑,出现了"V"字形塌陷。7 号吊杆上锚头的锚杯罩变形,且锚头座混凝土开裂有破损现象。6~8 号(由北向南)吊杆之间行车道板及人行道沉陷 0.75m,栏杆变形,路缘石断裂。与 7 号相邻的吊杆锚具系统及横梁发生轻微位移。

a)

b)

图 7.2　桥梁设计时已经预留有管线通道,当年施工工艺也普通

2003 年,当地曾对所有的吊杆全部更换过,平时一直都定期监测和养护。从理论上来说,吊杆拱桥容易存在一些可能锈蚀的薄弱环节等问题,国内外出现过多起吊杆拱桥柔性吊杆断裂、导致整座大桥垮塌的事故。倮果金沙江大桥建成后出现过多次病害,也曾多次维修,被当地人称为"病桥"。有关专家说,这次出现病害,可能与当时的设计负荷偏低,桥梁使用时间长,经过此桥的重车多,桥梁一直处于超负荷状态有关,见图 7.3。

### 7.2.4　小南门大桥、孔雀河大桥及公馆大桥受力安全分析

2001 年 11 月 7 日凌晨 4 点,小南门大桥发生悬索及桥面断裂事故,桥两端同时塌陷,造成交通及市外通信中断,见图 7.4。该桥主桥系中承式钢筋混凝土肋拱桥,矢跨比 1/5,是建桥当时国内跨径最大的钢筋混凝土拱桥,中部 180m 范围为钢筋混凝土连续桥面。该桥采用飘浮式连续桥面,桥面两端设伸缩缝,由于短吊杆离伸缩缝的距离太近,当桥面在断缝处发生反复的纵向位移时,短吊杆反复发生剪切变形,产生较大的应力幅值,导致其发生疲劳断裂。其次,设计时应使潜在的疲劳裂纹开裂处易于被发现,但该桥的开裂点却封闭在硫黄黏结料中,裂纹不易被发现,而且由于封闭设计的不合理,造成雨水常年积于其中,再加上大气的腐蚀性介质又加速了这一开裂过程。该桥是在 1990 年 7 月 1 日正式通车,事故发生时仅仅使用了 11.5 年。

通过调研不难发现,吊杆破坏是造成该问题的主要原因。为避免该种情况的发生,在设计上可以从两个方面进行考虑:

a)

b)

图 7.3　倮果金沙江大桥破坏状况

a)倮果金沙江大桥结构构造与吊杆断裂桥面塌陷状况;b)倮果金沙江大桥吊杆断裂与桥面塌陷状况

(1)采取适当的构造措施,避免短吊杆处于剪切、弯扭与受拉等复杂受力状态,避免其断裂破坏。

(2)增强整个结构体系对单根吊杆破坏的耐受能力。

2011 年 4 月 12 日,314 国道孔雀河大桥由于主跨第二根吊杆断裂,造成主跨第三、四、五道矮 T 形梁掉入河中,致使大桥长约 10m、宽约 12m 的路面发生垮塌,见图 7.5。事故是连接拱体和桥面预制板的 4 对 8 根钢缆吊杆断裂,北端长约 10m、南端长 20 余米的桥面预制板发生坍塌。两边的断裂处都是在主桥与引桥的结合点,恰恰也是吊桥动态与静态的结合点。这样一边垮塌后,使桥面的支撑力发生波浪形摆动,造成另一边也垮塌。

2011 年 7 月 15 日,运营 12 年的公馆大桥北端突然垮塌,见图 7.6。事故调查专家组通过现场勘查、查阅相关资料,对事故原因形成初步意见:一是严重超载超限车辆是造成桥梁破坏的主要原因。该桥设计荷载为汽—20 级、挂—100 级。当桥梁出现超过设计荷载多倍的超载车上桥时,将对吊杆产生强度破坏或疲劳损伤,长期超载运行最终导致破坏。二是该桥建于 20 世纪 90 年代,吊杆密封、防腐工艺较差,同时无法通过常规检查了解吊杆内部锈蚀程度与工作状况,经过 10 多年的使用,难以判断吊杆承载能力能否满足原设计要求。

a)

b)

图 7.4　小南门大桥桥面断裂

图 7.5　孔雀河大桥桥面断裂

图 7.6 公馆大桥桥面断裂

### 7.2.5 单根吊杆破坏结构体系安全性的影响

在不同桥梁结构形式中,单根吊杆断裂后,整个结构体系所处的状态是不同的。根据吊杆在整个体系中扮演角色的重要程度,将吊杆对整座桥梁安全的作用分为以下三种。

(1)在整个结构体系中,单根吊杆的作用较小,在退出工作时,不影响或较少影响结构的安全运营,主要有以下几种情形:结构体系中,主梁自身刚度较大,拱肋受力较小,单根吊杆所承担的荷载比重小。退出工作后基本不影响整个桥梁结构的安全运营,采用双吊杆布置(包括纵桥向双吊杆和横桥向双吊杆),吊杆安全系数较大,在单根吊杆退出工作后,对整个桥梁结构影响不明显,仍可进行正常运营或半封闭通行。

(2)在整个结构体系中,单根吊杆的作用较重要,在退出工作时对结构的安全运营具有较大影响,但仍能承担结构的自重和极少车辆荷载。这种结构体系中,桥道一般采用连续体系或格构体系,自身整体性较强,单根吊杆退出工作后对整个桥梁结构有较大影响,但一般不会发生桥梁垮塌事故,从安全角度而言,不如第一种情况,具有一定的安全隐患。

(3)在整个结构体系中,单根吊杆的作用非常重要,在退出工作时对结构的安全运营具有重大影响,不能承担结构的自重。在这种结构体系中,一般将吊杆和吊杆横梁作为主承重构件,桥道系作为简支梁作用在吊杆横梁上,仅通过横梁上湿接头进行连接。一旦单根吊杆退出工作,就会造成结构体系上的缺陷,横梁不能继续作为桥道支撑,容易造成桥梁垮塌的灾难性事故。安全性差,具有较大的安全隐患。

根据调研成果,目前大部分桥梁垮塌事故多为第三种结构形式。因此,从安全角度出发,吊杆拱桥在设计上应尽量降低结构对单根吊杆的依赖程度。

### 7.2.6 组合体系桥梁受力安全共性分析与防治措施

透过宁波灵桥等组合体系桥梁的受力分析可知,造成结构破坏的重要原因是桥面产生漂移使得吊杆端部不但要承受设计考虑的拉力,还要承受设计时未考虑的弯剪力等复合力,以及吊杆端部防锈蚀不到位(结构处于亚稳定平衡状态,即状态2)。目前,有些仅解决换吊杆和吊杆端部防锈蚀等问题,而不解决桥面漂移的受力体系的做法值得商榷。

交通运输部于2011年5月11日明传电报《关于开展长大隧道和钢管拱桥安全隐患排查整治的通知》是非常及时和必要的,中承式钢筋混凝土肋拱桥的部分桥面系是漂浮体系,其中,短吊杆不仅承受拉力(计算中包含),而且承受弯剪力(计算中不包含),以及长短吊杆变形不同造成受力不均,还有拱桥吊杆的防腐措施不到位直接影响到桥梁的运营安全,目前,国内部分拱桥倒塌主要原因是吊杆断裂。上述桥面系与吊杆的受力与变形特点,造成能量转换产生应变能不能有效耗散,就会产生结构积累损伤,另外,桥面系吊杆锚固端部锈蚀严重,两者都影响结构使用寿命。

避免吊杆发生断裂破坏,除精确计算(有限度)外,重点在于采取合适的构造措施避免吊杆锚固构造积水锈蚀和反复弯折造成的疲劳破坏。

(1)对于积水问题,在设计上应考虑使锚固构造尽量与主梁和主拱分离或处于表面,同时进行排水设计,如设置防水罩、排水孔等,另外,采用150~200号沥青代替黄油,防腐效果更好(上虞章镇桥拉索锚固端部采用150~200号沥青,防腐20多年效果良好)。

(2)对于疲劳破坏,在设计上主要采取增大转动自由度,设置销铰或球铰等可以使吊杆纵横向活动的锚固构造,减少吊杆弯折。采用类似悬索桥吊杆端部构造(图7.7)适应桥面漂移,消除了吊杆端部的不合理应力;或采用可以约束桥面漂移的交叉斜吊杆(图7.8),不产生吊杆端部的不合理应力;或改变单吊杆支撑的漂浮桥面系,减少吊杆锚固端部积累损伤或断裂事故风险(增设多吊杆或刚系杆等)。设计人员经过技术创新与工程实践,已经摸索出多种行之有效的结构形式,如图7.9和图7.10所示。

a)

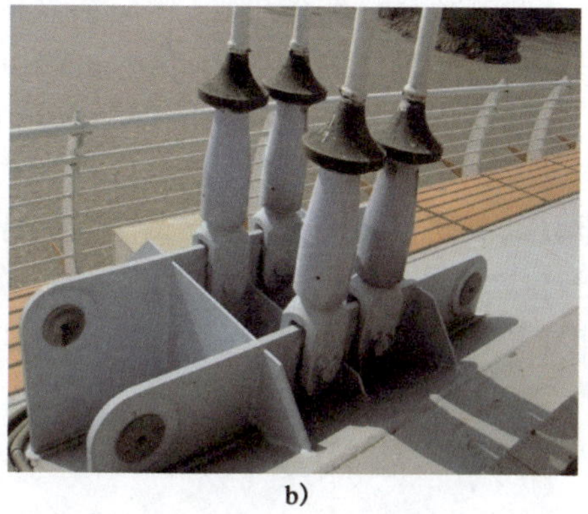

b)

图7.7 悬索桥吊杆端部构造适应桥面漂移,消除了吊杆端部的不合理应力

a)

b)

图7.8 约束桥面漂移的交叉斜吊杆,不产生吊杆端部的不合理应力

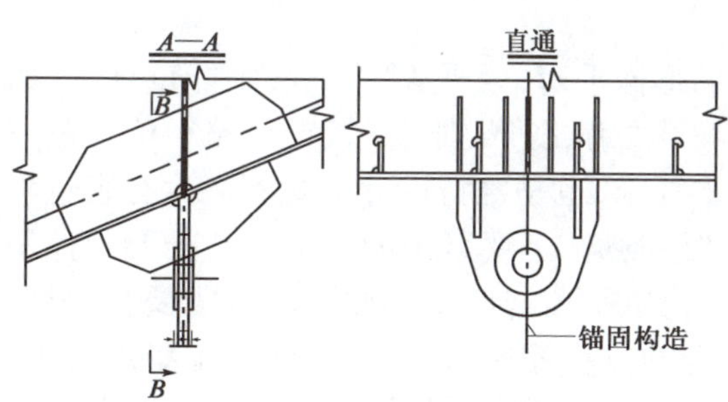

图7.9 销铰锚固构造示意图

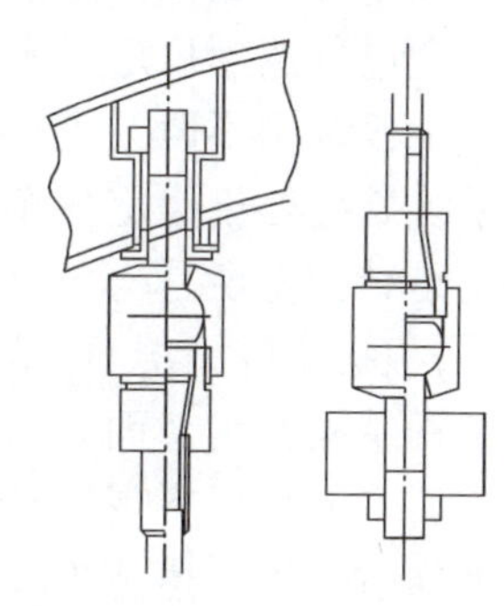

图7.10 球铰锚固构造示意图

为避免吊杆突然破坏，还应加强桥梁结构检修、维护和管理，设计时应考虑吊杆尤其是其锚固构造的可检、可修、可换，从而增强吊杆寿命和结构安全。

简支板梁、组合拱桥、刚架桥等均属于柔性结构、刚柔组合结构，由于这类结构常常处于弹塑性阶段，受力过程不具有叠加性，而与应力路径有关，恰恰汽车重复荷载路径多变性，这类柔性结构、刚柔组合结构在汽车重复荷载作用下桥梁设计应力与实际应力可能很不相同，容易产生积累损伤，降低桥梁使用寿命，可能导致桥梁提前损坏或破坏，从而存在行车安全风险。

## 7.3 盾构设计施工目标与保障措施

### 7.3.1 合理施工工艺对盾构隧道稳定平衡的影响

综合考虑设备水平、材料特性、环境条件等相互影响的因素，确保结构与技术合理，使建设过程符合正确的物理概念、保证力学稳定平衡，才能达到安全可靠的目的。

简单问题的目标控制容易把握，而复杂问题的目标控制具有极大的难度，正像分析树叶落地和苹果落地的差别，我们容易预测从高处落下的一个苹果的落点，但很难预测从高处落下的一片树叶的落点。对于简单问题，可以采用精确分析和目标控制方法；对于复杂问题，应采用整体控制与细节把握和围绕目标的过程控制方法。对于条件好的简单地质环境，地下工程的稳定平衡容易实现，选用什么理论和工法不重要，自然达到目标整体控制；而对于不良地质条件和复杂工程环境条件的地下工程建设，会遇到许多不确定性的问题，就需要更清晰的整体思路和正确的工程保障措施，做到整体控制与细节把握和围绕目标的过程控制，使得全过程达到稳定平衡。

工程结构不但要满足艺术上的形似平衡，更要从“力、变形、能量”等方面确保系统始终处于稳定平衡状态。确保“力、变形、能量”按设计路径传递及方式转化是结构稳定、安全、合理的基本要求，也是维持设计形式不产生有害过程的基础，根据实际情况，可从“力、变形、能量”三要素中的一个或几个要素控制地下工程结构行为。而确保结构的“稳定平衡与变形协调”，不仅需要目标控制，更需要围绕目标实现结构安全合理的过程控制，否则结构就会不稳定或破坏。以下通过盾构隧道施工案例说明，施工中应采用与目标相适应的具体保障措施，以实现隧道施工全过程的稳定平衡。

现阶段，多数设计和工程咨询只是针对整体结构完工后的荷载情况，参照规范进行设计和可行性论证,并使用设计措施开展构件设计。这种设计方法在结构形式和工程环境简单的情况下切实可行,但在结构形式和工程环境复杂多变时无法考虑荷载变化对结构稳定性的影响。盾构法施工,技术集成度高、施工工艺复杂,隧道线路穿越地质环境亦复杂多变。盾构隧道的整体结构设计分析必须与结构构造措施及设计工法和实际施工工艺控制等相匹配,才能保证盾构隧道的稳定平衡与变形协调,以达到设计和施工目标。隧道力学响应与施工应力路径密切相关,这样,隧道设计施工的实质就是确保软弱围岩稳定性控制的及时性与有效性的问题。

盾构隧道施工过程中,超挖、盾壳厚度及盾尾间隙等因素,会导致在地层中形成的空间大于管片外环空间,在管片与地层之间形成空隙,需要注浆填充以控制地层变形和管片姿态稳定,如依据浆液中是否掺有水泥等凝胶成分,可分为硬性浆液和惰性浆液。硬性浆液的早期强度和最终强度都要比惰性浆液高,但对注浆泵及注浆管路要求更高。在国内为节省注浆设备投入和浆液成本,同步注浆往往采用早期强度和最终强度都很低的惰性浆液。如图 7.11 所示,如同步注浆浆液不能及时固化,浆液会通过盾壳与围岩间隙流入盾构土仓内,流动性强液态浆液因土压平衡盾构螺旋式出土方式的保压效果不佳,造成土仓内压力波动大,易对开挖面的稳定控制造成较大的影响。

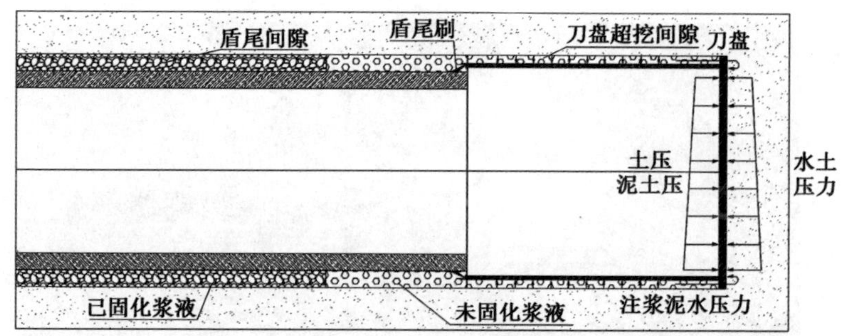


图 7.11 盾尾间隙及注浆示意图

因此,同步注浆浆液应选取固化较快、早期强度更高的硬性浆液,让固结的浆液能在较短时间内安定管片,使管片受到盾构推力能向围岩传递,约束管片环变形(椭变易使圆形管片处在不利受力状态,同时导致地面变形),使成型隧道满足设计线形要求,并在管片外形成一道保护层;同时,填充空隙,以消除以上平衡状态的扰动因素。

从变形是否协调来看(图 7.12),管片为刚性材料、土体为半柔性材料。惰性浆液的初期强度较低,属于柔性材料,刚度不协调容易造成盾构管片不稳定或土体变形

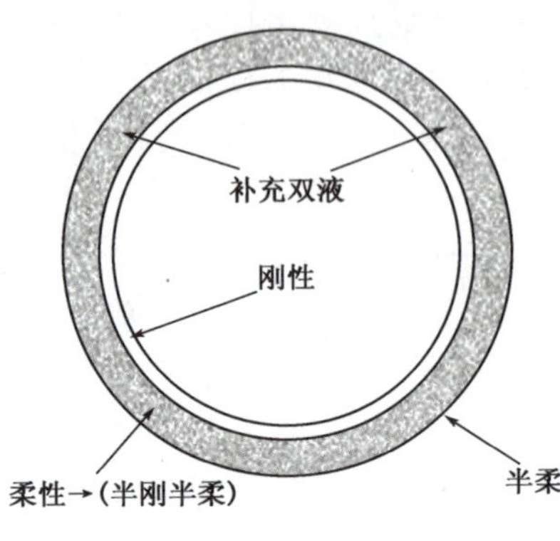


图 7.12 盾构断面注硬性浆液示意图

不容易协调。硬性浆初期强度较高,相当于半刚半柔性材料,容易使盾构与地层共同作用体系达到稳定平衡与变形协调。现阶段也有同步注惰性浆液后二次补注双液浆的工法,其原理与注硬性浆液相似。

### 7.3.2 盾构隧道稳定平衡保障措施案例分析 1

(1)工程概况

某市地铁 1 号线 7、8 号盾构区间为双线单圆盾构区间,隧道设计起讫里程为右线:K11 +202.932 ~ K12 +316.763,区间全长约为 1 113.831m;左线:K11 +202.932 ~ K12 +316.763,区间全长约为1 113.831m。平面最小半径 $R$ =450m,剖面最大坡度 25‰,隧道顶埋深 11.2 ~17.5m。施工采用两台 $\phi$6 340mm 土压平衡盾构机,分别为 7 号、8 号盾构机。

区间线路位于某市中心城区,区间沿城区大道向西穿行。道路两侧建、构筑物密集,地面道路交通繁忙,道路下桩基密布,工程环境复杂,如图 7.13、图 7.14 所示。

图 7.13 隧道线路穿越的立交桥

①地质情况。

本段区间沿线地质构造和地层,为河口相冲海积堆积的粉性土及砂性土地区,由于堆积年代及固结条件不同,性质不一,竖向由松散至中密状态变化,厚度一般在 20m 左右;其下为海陆交互相沉积的淤泥质软土及黏性土,地面下深 40 ~45m 为古河床堆积的圆砾层,中密—密实状态,底部基岩埋深一般在地面下 55 ~63m。

本段区间盾构主要穿越的土层为：③$_6$ 层粉砂夹砂质粉土；④$_2$ 层淤泥质粉质黏土；⑤层粉质黏土；⑦$_2$ 粉质黏土层；⑧$_1$ 粉质黏土；⑧$_2$ 含砂粉质黏土。其中，城站站出洞段处于③$_3$、③$_6$ 粉砂夹砂质粉土层中；湖滨站进洞段处于⑦$_2$ 粉质黏土层。

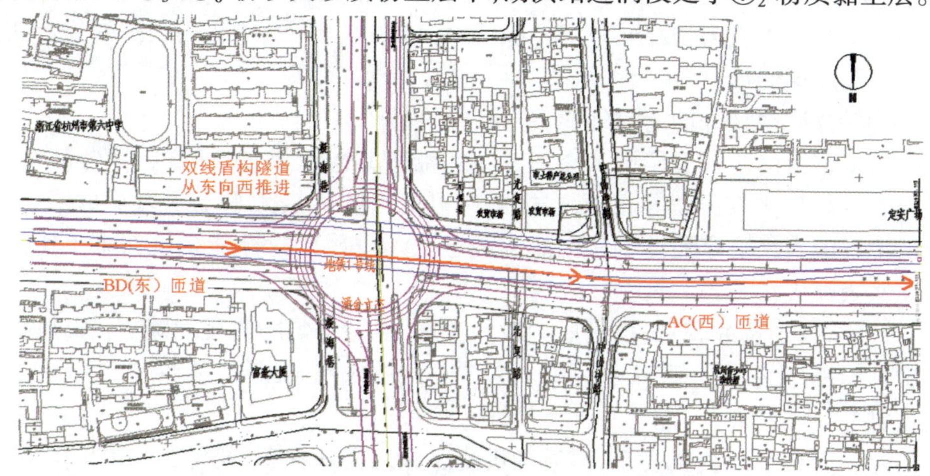


图 7.14　城湖区间隧道线路走向及与建（构）筑物关系平面图

②水文地质情况。

浅层潜水：沿线浅部地下水属潜水类型，主要赋存于上部①层填土及③层粉土、粉砂中，补给来源主要为大气降水及地表水，并与河塘呈互为补给关系，其静止水位一般在地下 0.85 ~ 2.4m，并随季节性变化。对混凝土结构无腐蚀性、对钢筋混凝土结构中钢筋在长期浸水作用下无腐蚀性、对钢结构具有弱腐蚀性。

承压水：沿线承压含水层主要分布于深部的⑫层细砂、砾砂层中，隔水层为上部的淤泥质土和黏土层（④、⑦、⑧、⑨、⑩、⑪层），承压含水层顶板高程为 -24.63 ~ -28.51m。

（2）施工中地面变形控制措施

为有效控制地面变形，减小对周边环境的影响，保护沿线建（构）筑物，根据盾构施工的特点，主要采取了以下几方面的施工措施。

①采用信息化施工原理，依据地面变形监测结果，调节土仓压力，控制出土量。

根据土压平衡盾构的施工原理，盾构施工地层性质，刀盘切削土砂进入土仓后，对其进行塑流性改良，使其均匀填充土仓及螺旋输送机内部，盾构千斤顶的推力对泥土施压，作用在盾构开挖面，保持开挖面水土压力平衡，从而保持开挖面的稳定。

②加强管片注浆施工，严格实施同步注浆及二次补注浆、并保持浆液质量。

软弱地层施工，采用盾构同步注浆施工，注入填充性好的浆液，避免围岩塌落。如不及时，就会造成塌落空间，改变了地层原始状态稳定性和受力状况，通过及时注入与土体相对密度相近、且有一定强度的砂浆，对管片周边土体及时形成有效填充支撑，达到完全充填和固化要求。浆液固化后对管片起到环箍作用，提高成环管片承载力，控制管片突变。保持结构与土体共同作用的平衡稳定性，有效控制地层变形。

③保持盾尾良好的密封性能，避免盾尾渗漏。

盾尾密封由三道盾尾刷及充填其间的油脂共同组成，以抵抗盾尾外部的水土压力及同步注浆压力等，通常根据盾尾可能遇到的最大水土压力及每道油脂腔的抗压能力来决定盾尾刷及油脂腔的道数。盾尾密封性能抵抗住水土压力，防止浆液流失。

此外，合理选取管片，控制盾构机的姿态，保持均匀的盾尾间隙，合理地调节密封油脂的用量，避免砂浆从间隙较大的一侧渗入尾刷固结，从而造成尾密封性能的破坏。

④及时调节盾构机姿态，使盾构机姿态保持良好状态，避免对周边土体造成过大的扰动。

盾构推进过程中，以盾构机自动导向系统测得的数据为参照，将盾体前后中心点差值、盾构中心线与隧道中心线的差值控制在较小范围内，尽量使盾体划过的轨迹线与盾构开挖限界重合。

(3)地面变形控制效果比较

7 号盾构采用同步注入惰性浆液施工，而 8 号盾构采用注入有一定强度的半刚性浆液施工，比较两者差别，选取全线中的 5 个断面进行比较，7、8 号盾构在 5 个断面的地面变形见图 7.15、图 7.16。

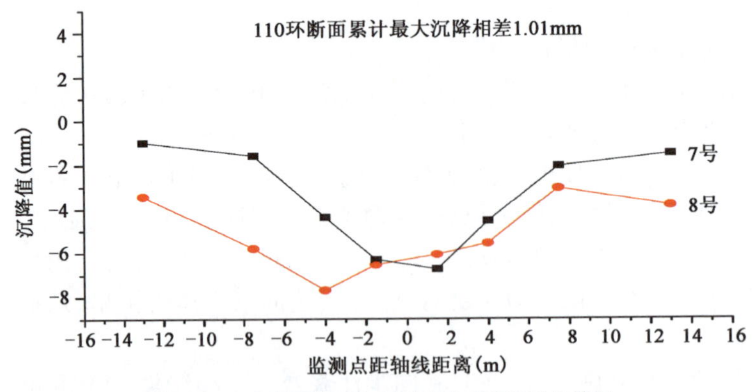


图 7.15　7、8 号盾构 110 环对应地面变形对比情况

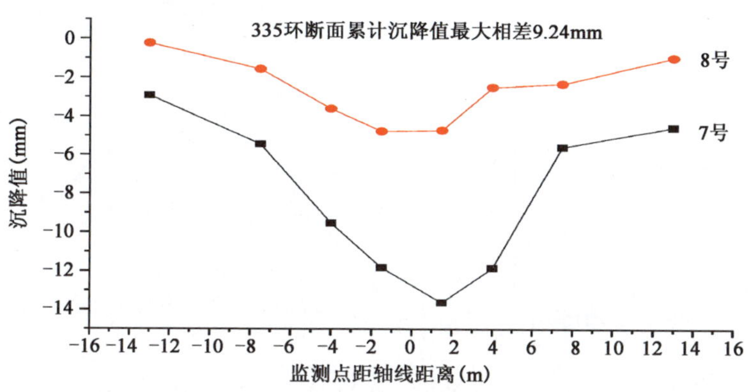


图7.16 7、8号盾构335环对应地面变形对比情况

从以上两条隧道选取的5个断面的变形情况可以看出,7号盾构的变形量比8号盾构大,注入有一定强度的半刚性浆液施工对控制地面沉降更有利,见表7.1。

**7、8号盾构地面最大沉降量对比** 表7.1

| 环号 | 区间线路 | 最大沉降量(mm) | 环号 | 区间线路 | 最大沉降量(mm) |
|---|---|---|---|---|---|
| 110环 | 7号盾构区间 | -7.71 | 610环 | 7号盾构区间 | -41.41 |
| | 8号盾构区间 | -6.75 | | 8号盾构区间 | -15.2 |
| 335环 | 7号盾构区间 | -13.62 | 810环 | 7号盾构区间 | -61.27 |
| | 8号盾构区间 | -4.87 | | 8号盾构区间 | -17.24 |
| 485环 | 7号盾构区间 | -25.83 | | | |
| | 8号盾构区间 | -23.47 | | | |

(4)7、8号盾构施工参数比较

7、8号盾构施工参数见表7.2。

**7、8号盾构施工参数** 表7.2

| 序号 | 项目 | | 内容 |
|---|---|---|---|
| 1 | 施工参数 | 7号盾构 | 土压力控制0.30~0.35MPa,刀盘扭矩控制为60%~80%,推力为2 600~2 900t,出土量超出理论量较大 |
| | | 8号盾构 | 土压力控制0.22~0.28MPa,加泡沫剂后推进时会有虚压产生,总推力为1 500~2 000kN,刀盘扭矩控制为30%~50%,即1 500~2 500kN·m,出土量与理论出土量相近 |

续上表

| 序号 | 项目 | | 内容 |
|---|---|---|---|
| 2 | 管片拼装 | 7 号盾构 | 依据设计线路特征，采用按排布图管片施工，需不断地进行贴纸纠偏，推进过程中管片破裂、漏水普遍 |
| | | 8 号盾构 | 依据盾构机的实际姿态，采用管片选型进行拼装，能较好地控制盾尾间隙，管片拼装质量好 |
| 3 | 注浆填充 | 7 号盾构 | 注浆量为 6～7m³，在注浆过程中多次发生漏浆情况，地面沉降量较大，如图 7.17 所示 |
| | | 8 号盾构 | 盾构注浆量为 2～3m³，盾尾密封性能好，无漏浆情况；且每隔 5 环，对管片进行二次补注双液浆（图 7.18），有效地填充并控制地面沉降 |

a)

b)

图 7.17　7 号盾构对应地面变形情况

(5)7 号盾构机姿态异常对同步注浆量及盾构进洞的影响

图 7.19 给出了 7 号盾构姿态与施工参数关系，从中可以看出，盾体运行的轨迹线所包络的面积大于盾构机的开挖面积，当盾体前后中心线偏差值达到 150mm 时，造成注浆量大于理论量 0.876m³；由于盾体中线与盾构开挖面形成较大夹角，导致盾构推进过程中，盾构对土体的扰动较大，对地面变形控制不利；由于盾体与开挖面形成的夹角，盾构受到的土体摩擦力较大，相应盾构推力也将增加。特别是在土体的液性指数小于 0.25 的地层中，盾构推力增大的幅度尤为明显。

某区间盾构工程，在盾构进洞施工中，垂直值前后点相差达到 150mm，前点对进洞洞门中心相差较小，盾构机到达进洞加固区后，盾构机推力达到约 36 000kN（而 8 号盾构机推力只有 5 000kN），盾构机无推进速度，当人工破除端头围护结构后(图7.19),以盾构机的最大推力推进,但盾构仍不能前进。

a)

b)

图7.18　8号盾构进洞与隧道内补注双液浆施工

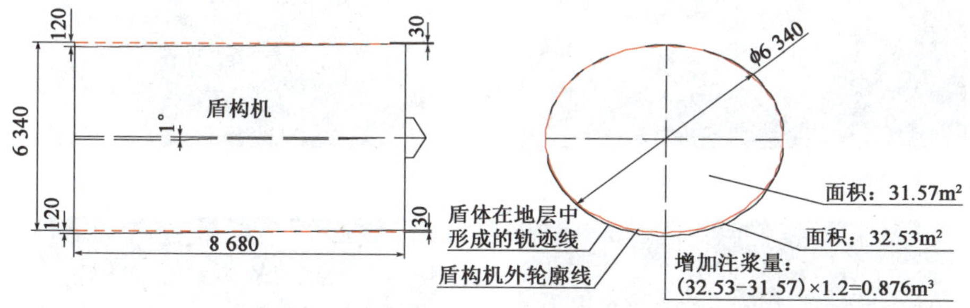


图7.19　7号盾构姿态与施工参数关系图解(尺寸单位:mm)

由于盾构机姿态不理想,盾构机外围受到有一定强度的加固体约束,导致较大的摩阻力,阻碍盾构机的前进,如图7.20和图7.21所示。

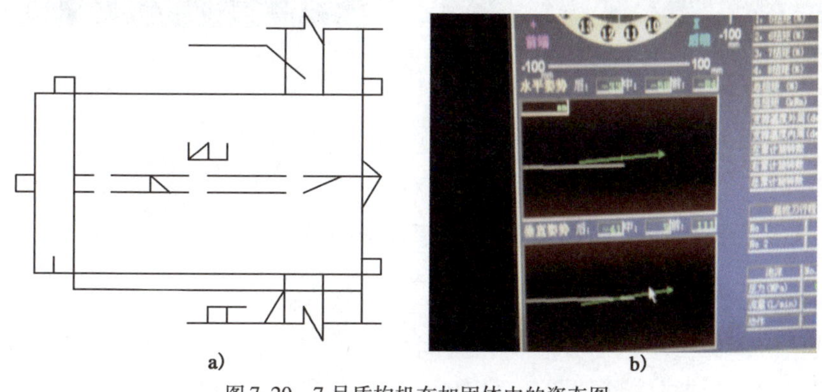

a)　　b)

图7.20　7号盾构机在加固体中的姿态图

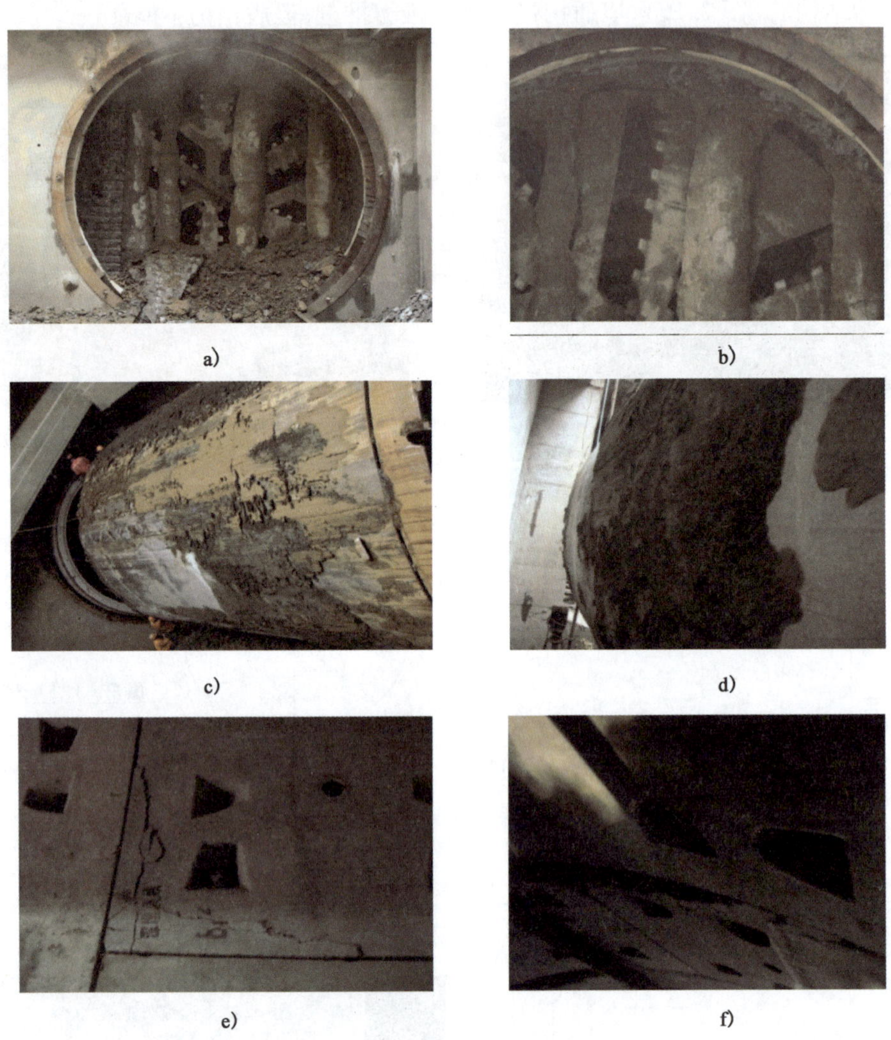

图 7.21　7 号盾构机进洞施工图

### 7.3.3　盾构隧道稳定平衡保障措施案例分析 2

(1)工程概况

某中等埋深土压平衡式盾构在区间推进过程中,出现盾构机姿态整体上浮的情况,其行进轴线轨迹如图 7.22 所示。盾构机为 $\phi$6 340mm 加泥式土压平衡盾构,盾长 8.0m,盾构顶部埋深为 12m。

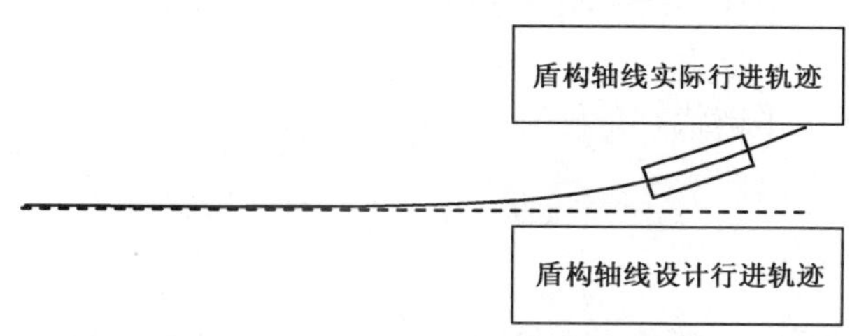


图 7.22 盾构行进轨迹偏移示意图

上浮处潜水静止水位一般深 0.90 ~ 2.30m,高程 3.86 ~ 5.06m,并随季节性变化。潜水主要接受大气降水和侧向径流补给,并以蒸发和侧向径流为主要排泄方式。潜水年水位变幅为 1.0 ~ 2.0m。盾构出现上浮时,所经过的地层为 $③_{61}$、$③_7$ 和 $⑥_1$,其土层类型、标准贯入试验和静力触探的指标如表 7.3 所示。盾构掘进断面的上半部为相对较硬的 $③_{61}$、$③_7$,下半部为相对较软的 $⑥_1$、$③_7$ 砂质粉土淤泥质粉质黏土,具有干强度低、韧性低特性,$⑥_2$ 淤泥质粉质黏土为饱和、流塑状,具有高灵敏度、高压缩性、低强度、弱透水性的特性,易产生蠕变和触变现象。

**盾构开挖面经过土层参数** 表 7.3

| 土层 | 标准贯入 | 静力触探 | | 水平机床系数(MPa/m) |
|---|---|---|---|---|
| | | 锥尖阻力(kPa) | 侧摩阻力(kPa) | |
| $③_{61}$ 砂质粉土夹粉砂 | 14 | 6 500 | 80 | 26 |
| $③_7$ 砂质粉土、淤泥质粉质黏土 | 4 | 1 600 | 25 | 9 |
| $⑥_1$ 淤泥质粉质黏土 | 2 | 900 | 18.0 | 7.5 |

在每次纠偏过程中,均出现成型隧道管片大小不一的碎裂。从现场碎裂的情况来看,主要集中在管片内弧面的后部,特别是隧道上半部与后一环封顶块相接部位($L_1$ 或 $L_2$);部分碎裂出现在隧道腰部纵缝之间。管片碎裂情况如图 7.23所示。

(2)机位状态及力学平衡分析

千斤顶的推力简化为盾头顶部的 $F_1$ 和底部的 $F_2$;$F_{土1}$ 和 $F_{土2}$ 为开挖面土体反力;$F_3$ 为机体对机头弹性约束力,当机头上浮时,阻止上浮,当机头下压时,阻止下压。另外,盾构还同时受到周围土体浮力的影响,盾构质量 $W_{盾}$ =435.5t,同

体积土体质量 $W_{土}=577\mathrm{t}$，因此，盾构受到的浮力为141.5t。$F_4$ 地层上硬下软，会延时填充上部空隙而不产生阻止上浮阻力 $F_4\approx 0$；$F_5$ 地层上硬下软，及时填充下部空隙而产生向上推力。

机位上浮稳定平衡状态条件有：

$$F_1+F_2=F_{土1}+F_{土2} \tag{7.1}$$

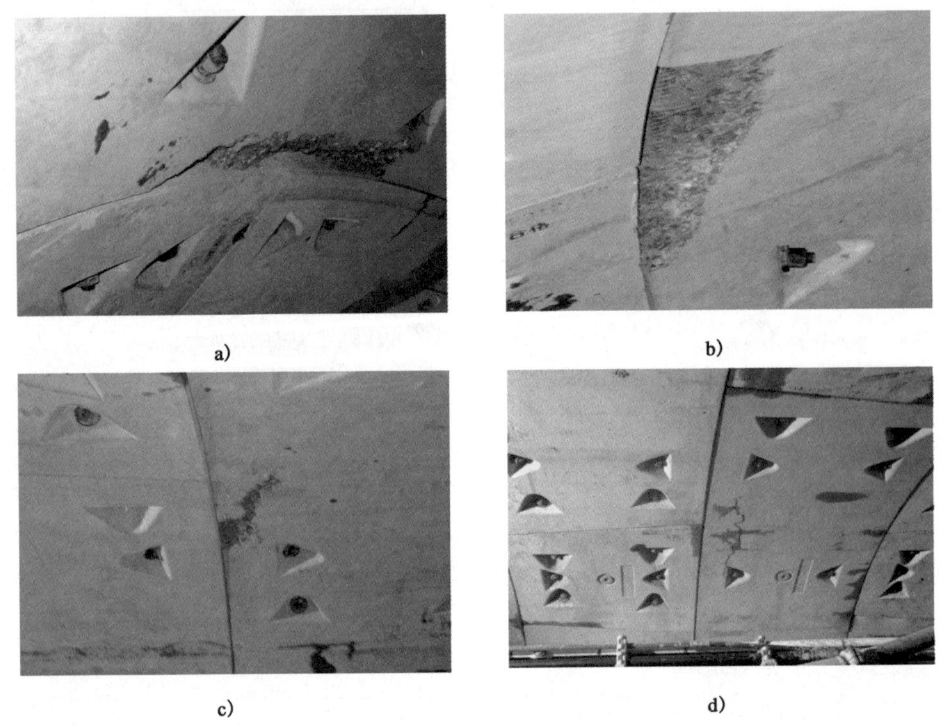

a) b) c) d)

图7.23　管片碎裂情况

上式容易满足。

$$F_3+F_4+F_5+W_{盾}=0 \tag{7.2}$$

因不利变形空间和 $W_{盾}-W_{土}=-141.5\mathrm{t}$，只有同步增加 $F_4$ 才能满足式(7.2)。

$$F_1D_1 - F_{\pm1}D_1 + F_3D_2 - F_2D_1 + F_{\pm2}D_1 = 0 \tag{7.3}$$

增加 $F_1$ 或减少 $F_2$ 才能满足式(7.3)。

在开挖面土体均匀的情况下，$F_1 = F_2$，盾头受到土体反力 $F_{\pm1} = F_{\pm2}$，盾构可以平稳地沿设计轨迹前进。但当开挖面遇到如图7.24所示上硬下软的瞬间，如仍然以 $F_1 = F_2$ 的状态推进，则盾头不再处于稳定平衡状态。假设开挖面土体在受到 $F_1 = F_2$ 的瞬间，在开挖面上部和下部产生相等的微小位移 $\delta$，土体反力 $F_{\pm} = \delta \times K_x$（水平机床系数）。因上部土层硬下部土层软、亦即基床系数较大，故上部土体反力大于下部土体反力，$F_{\pm1} > F_{\pm2}$（土压盾构机头压力不同），致使在设计前进轨迹上的合力矩不平衡（图7.24），渐渐形成下部超挖、上部欠挖的情况。

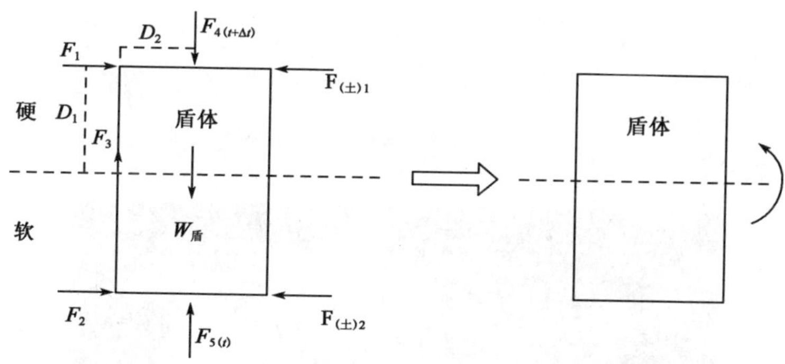


图7.24　盾构机位状态力学分析示意图

(3)调整方案

理论调整方案：第一步，利用式(7.2)给盾构壳体同步注重度大于上硬土层重度的硬性浆液，消除 $F_4(t + \Delta t)$ 中时差 $\Delta t \to 0$，基本控制盾构壳体位置；第二步，同时利用式(7.3)，增加 $F_1$ 或减少 $F_2$，调整盾构壳体位置逐渐到盾构轴线设计行进轨迹。

实际调整方案：开始采用改变管片结构和增加千斤顶推力 $F_1$，或加注惰性浆液，由于浆液稀而形成不了压力 $F_4$，阻止机头上浮效果不明显，还会产生上部管片破损，并使管片结构变形，只好采用注双液浆固定，改善管片结构受力状态。

①按式(7.2)稳定平衡，在机位盾壳上部同步注重度大于2的浆液，保证 $F_4$ 下压力，使得式(7.2)稳定平衡，确保机位按设计轨迹行进；但注浆机功能问题

不能满足要求。

②按式(7.3)稳定平衡,可以同时增大 $F_1$、减小 $F_2$ 来实现盾构的力矩平衡,同时实现增大开挖面上半部的开挖量、减小下半部的开挖量。如果 $F_2/F_1 \approx 1$,则情况类似初始状态,盾构头部继续上抬。如果 $F_2/F_1 \approx 0$,头部向下调整过快,则出现图7.21和图7.25方案1中的情况,管片上部受到强烈挤压破碎。所以需要根据开挖面的土层分布情况和土层水平基床系数计算得到 $F_2/F_1$ 值。③和⑥$_1$层所占开挖面面积相等时,$F_2/F_1 = 0.3 \sim 0.83$,$F_2/F_1$ 值位于0.3～0.83即可使盾构较平稳地调整到设计埋深(如方案2所示)。

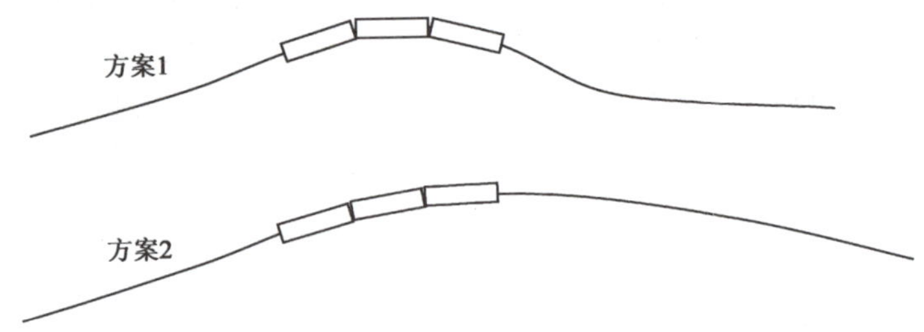


图7.25 盾构行进轨迹调整示意图

图7.26 某地铁折返线施工导致地陷,造成10余楼房倒塌

### 7.3.4 地铁隧道折返线地面塌陷案例分析

某路地面塌陷,是由地铁隧道折返线施工引起的。造成此次事故有如下几方面的原因(图7.26)。

(1)地质情况复杂。某市地质比较复杂,为冲积平原。古河道在淤泥夹砂的地层中容易引发水土流,老城区一带属于滩涂结构,而路段处于强风化岩层沉槽,地层自稳性差。

(2)房屋结构整体性差。地面上的危房、旧房有上百年的历史,地下施工引起水位下降,已导致房屋一定的下陷。

(3)此段地铁线路设计为折返线,隧道断面较大,难以采用盾构法施工,受地面建筑物影响,房屋拆迁困难,也放弃较为安全的明挖法施工。采用暗挖法施工。据媒体报道称施工中采用钻爆法施工,爆破导致拱顶较薄岩层破裂失稳,开挖面坍塌。

(4)有一点可以确定的就是,如此大的土体损失,肯定是由于矿山法暗挖隧道掌子面失稳坍塌,大量土体流失,导致对应地面房屋坍陷。违反浅埋暗挖法施工原理,或施工十八字原则:管超前、严注浆、短开挖、快封闭、强支护、勤量测。核心是对围岩强预支护加固处理不够或存在超挖;施工工法或工艺不对;过程控制不到位;不满足结构体系稳定平衡与变形协调和安全;即强预支护和施工工法与过程控制非常重要。

## 7.4 不良地质环境地下工程的合理开挖支护措施

对于不良地质条件,地下工程开挖支护方式不同,变形特征与卸载方式和力的转移路径就不同,合理开挖支护方案非常重要,而有效利用“最小耗能原理”可方便判别围岩与支护结构的薄弱部位或环节并预先防治,有利于达到力的合理转移路径和结构受力与安全,即“综合把握施工工法与工程结构构造合理和材料特性与环境条件,达到整体共同受力与变形协调以及防止薄弱部位或环节”很重要。

某隧道位于浙皖交界附近,为一座越岭隧道,全长为 1 160m,净宽10.5m,净高 5m,拱顶净高 6.98m。隧址区属侵蚀山岭地貌,植被发育,沿轴线地形起伏大。区内主要分布有古生代寒武系地层,依次是荷塘组炭质泥岩、粉砂质泥岩、硅质泥岩,杨柳岗组泥质灰岩、硅质泥岩、条带状灰岩和华严寺组白云质条带灰岩及第四系覆盖层和岩脉侵入体。2001 年 5 月,隧道施工到 K30 + 359 遇到挤压破碎带,并出现拱顶局部坍塌,采用小管棚短台阶法控制开挖过程应力转移路径,防止围岩局部破坏,保障了隧道建造获得成功。西湾隧道、海游连拱隧道等施工也是一样。

在浙江大成建设有限公司大力支持下,2008 年 6 月,在杭州地铁九堡站基坑施工过程中,发现局部软弱土体,改变了原来向下作用力转移路径现象,采用现浇基坑圈梁并焊接原横撑钢管等合理结构构造,确保支撑体系稳定,避免发生基坑坍塌事故。2011 年,杭州市地铁 1 号线城湖区间为双线单圆盾构区间,8 号盾构施工效果良好。

# 8 典型工程结构受力安全的启示

## 8.1 钱塘江大桥结构受力安全的一些启示

近年来，国内外一些正在运营的桥梁发生垮塌事故，造成严重的人员伤亡和巨大的经济损失。而被网民捧为“桥坚强”的钱塘江大桥（我国近代桥梁工程奠基人茅以升主持建造）已经75年高龄，依然使用如常，如图8.1所示。为什么钱塘江大桥70多年来能够如此坚强？我们结合钱塘江大桥的运营状态，从工程结构受力安全的基本要求分析钱塘江大桥的受力特征。

图8.1 钱塘江大桥

钱塘江大桥是我国自行设计及施工的第一座公铁两用的现代化桥梁。桥梁结构为双层式，上层为双车道公路，下层为单线铁路，该桥设计基准期为50年。茅以升修桥的时候，是按照20km的时速设计的，原设计荷载铁路为E—50级（合中—21.5级），公路为H—15级（合汽—11.7级）。当时平均每天仅有150

多辆汽车、4.9 对火车通行。70 多年过去了,在这座桥上,列车可以跑到时速 120km,汽车也可以跑到时速 100km,40t、甚至 60t 重的汽车也在桥上跑。按今天的标准来看,钱塘江大桥处于超期、超限、超载服役状态。然而,该桥至今仍能正常使用。20 年来,天天与桥为伴的上海铁路局杭州工务段车间主任何光明说,现在的养护主要是针对铁路的枕木,大桥的结构一直保持得很好,钢梁也是 15 ~20 年才做一次重新漆装。迄今为止,2000 年的维修是规模最大的一次,也仅仅是更换了公路桥的桥面板。此外,有关部门专门对该桥的疲劳损伤进行了评估分析,研究表明,列车荷载对主桁竖杆和跨中纵梁造成的损伤较大,对应的损伤度分别为 0.178 和 0.127,其疲劳损伤度远小于 1.0,可见,在现行列车荷载作用下,引起的应力水平不高,造成的疲劳损伤很低。该桥上列车时速可以达到 120km,桥梁动力性能良好,说明桥梁刚度较大,能够确保列车安全平稳运行(相当于状态 1)。

据工长来海钢介绍,每天下午 1 点至 4 点,是每日例行巡视大桥的时间,会有专门的工作人员进行巡视,看整个桥面的部位,包括钢轨面有无障碍物、螺栓有没有松动等,尤其是台风期间要特别注意。来海钢介绍,由于经历了战争年代,整座大桥稍微严重些的病害有 10 多处,比如钢梁弯曲、钢梁裂缝。“对大桥病害进行检查也是主要工作。”他说,“这些病害是无法修复的,所以必须定期进行检查,就是把病害记录下来,和前几次数据进行对比,看它有没有延伸扩展。”目前来看,大桥的病害没有任何变化,结构没有大修,“大桥的状态还不错。”

对比近年来桥梁事故的报道,不难发现,事故原因不外乎车辆超载、洪水暴雨、年久失修、日常管护不到位几个方面,各地对于桥梁的工程质量却是讳莫如深、闭口不谈。撇开那些“桥脆脆”不说,让我们看看钱塘江大桥有多好:大桥至今没有进行过技术上的大修,2000 年的维修是规模最大的一次,仅仅是更换了公路桥的桥面板;大桥的 5 号、6 号桥墩在 1937 年、1944 年和 1945 年被炸过,但至今仍能正常使用。大桥上的铆钉,虽然只有 22mm,但是规格很高,它们是连接钢构的关键,到现在都纹丝不动。

从总体上看,工程结构构造与力变形能量相关性的实际应用,合理的工程结构应从如下两个层次加以把握控制:

(1)要符合力学稳定平衡、力与变形关系、强度理论等基础理论。

(2)要综合考虑变形协调、能量合理转换、环境条件等因素的影响。

对于钱塘江大桥而言,当时的工程师基于牛顿力学、结构力学等理论圆满地使桥梁结构满足层次(1),即达到了结构的力学稳定平衡。从超载服役状态下疲劳损伤很低可知,钱塘江大桥始终处于弹性工作状态,安全度有很大富余,材料质量稳定,钱塘江大桥的疲劳损伤很低,可见结构体系内部构件之间或非均匀构件内部变形是协调的。从该桥的运营状态可知,桥梁刚度较大,不会产生有害变形,能够保证结构受力能按合理路径传递。尽管钱塘江大桥的地质条件很复杂,土层很厚,结构体系比较复杂,但是工程人员创造出"上下并进、一气呵成、射水法、气压沉箱法、浮运法"等新型施工方法,解决了建桥过程中的一个个技术难题,保证了工程质量与进展。采用整体控制与细节把握,围绕目标(稳定平衡与变形协调)的过程控制方法解决结构变形协调、能量合理转换、环境条件等因素的影响,即满足了层次(2)。

从以上认识可知,钱塘江大桥始终处于稳定平衡(即状态1),能够满足合理的工程结构受力两个层次要求,能够确保力、变形以及能量按设计路径传递或转换,避免了因不满足变形协调对结构稳定平衡的不利影响,保证了结构的实际使用状态与设计状态基本一致,是钱塘江大桥70多年来能够如此坚强的根本原因。因此,在结构设计与建造的过程中,必须研究稳定平衡与变形协调的互补问题,采用合理的结构和有效的过程控制,保障结构体系变形协调与控制环境影响,才能最终确保结构体系处于稳定平衡状态。这样既联系结构体系研究中传统的强度、刚度、稳定、疲劳、耐久性等力学问题,又联系结构体系力的传递、转移、重新分配、荷载路径多变性、力和能量的不合理传递或转移和集中、防止出现平衡关系重建的不确定性等新的力学问题,即"综合把握施工工法与工程结构构造合理和材料特性与环境条件,达到整体共同受力与变形协调以及防止薄弱部位或环节"很重要。从而有利于解决复杂结构体系的稳定平衡问题,防止出现工程结构体系设计和施工符合标准但隐含稳定平衡不足或风险。

## 8.2 某市房屋倒塌事故的一些启示

某市房屋倒塌后屋顶楼板的倾斜方向及每层楼板倒塌相对有序(图8.2、图8.3)。结合房屋倒塌前(图8.4)情况进行分析,初步判断房屋坍塌主要原因应该是房屋基础局部不均匀沉降或靠街一楼住户开店的不当装修导致承重墙受力的不合理传递等或两者共同不利作用等引起的二楼以下结构变形不协调,改变原一楼承重墙受力的传递路径,破坏原一楼承重墙受力的平衡引发房屋整体倒塌可能性较大。

a)

b)

图 8.2 房屋倒塌后照片一(初步判断先从一楼一角倒塌再引发整体倒塌)

a)

b)

图 8.3 房屋倒塌后照片二(初步判断一楼倒塌引发房屋整体倒塌)

此外,某市某商务楼的 7、8 两层轰然倒塌(图 8.5),成堆的墙体和砖块从天而降,马路上一片废墟,所幸事故未造成人员伤亡。事发大楼,共 8 层,呈“L”形坐落在路口。发生坍塌的楼面为靠近路一侧的 7、8 两层,楼下正对着隧道的入口。放眼望去,大楼顶部一片狼藉,到处都是残垣断壁,坍塌楼面约 20m 长、6m 多高,如果以底楼的窗户作参照,至少有 10 个房间在事故中被夷为平地。据了解,坍塌楼面近来正在进行内部装修,事故原因可能和施工不当有关。该大楼 7、8 两层的租户最近正在进行装修,楼面坍塌很可能因拆毁承重墙有关。

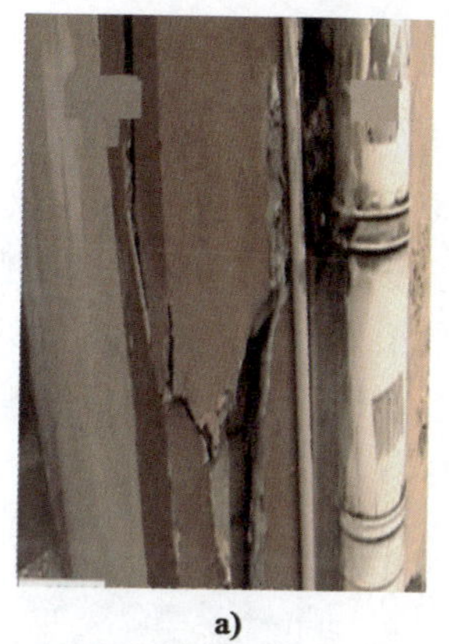
a)

b)

c)

图 8.4　房屋倒塌前征兆(初步判断地基已发生不均匀沉降或靠街一楼住户开店的不当装修导致承重墙受力的不合理传递等引发墙面剥落且承重砖碎裂、墙体开裂倾斜等状况)

图 8.5　某 8 层商务楼倒塌

## 8.3　海地、智利、日本、中国地震工程结构比较的启示

2010 年 1 月 12 日,海地发生里氏 7.3 级地震,约 30 万人死亡;2010 年 2 月 27 日,智利发生里氏 8.8 级地震,800 余人遇难。这两场相差约 1 个月西半球大地震造成的灾害因不同国情而产生的巨大差异(图 8.6)。

智利是地震高发国家,在吸取以往经验教训的基础上,智利从 20 世纪 30 年代就开始在建筑物设计、施工中提出了相当高的防震要求。震后在有 600 万人口的圣地亚哥看到,城市几乎没有完全倒塌的建筑物,就是在康塞普西翁等重灾区,倒塌的房屋也不多。智利媒体指出,正是建筑物的高抗震性能避免了 8.8 级强震中大量人员伤亡。

海地由于国贫民穷,大多数民居为土木结构的简易房屋或铁皮盖顶的贫民窟,因此,上百万所房屋在地震中倒塌,其中,包括总统府等多处建筑。

智利驻中国大使费尔南多·雷耶斯·马塔先生在震后披露说:智利在应对地震方面有非常丰富的经验,智利建筑也具有全球最好的防震功能,所以这次地震,即使在震中地区的高层建筑,也都没受大的损失。受害最大的是相对贫困的人们居住的防震功能不太好的建筑。还因为地震多发的智利人们应对地震很有经验,连小学生都不断练习如何应对,所以受到损失也很小。

a)

b)

图8.6 海地与智利建筑物的地震破坏情况对比

a)海地总统府不合理结构的破坏情况;b)智利合理房屋结构的轻微破坏情况

与智利相比,汶川当地乡镇建筑结构设计、使用的建筑材料等抗震性能不够,再加之当地人口密度较高,这些都是造成人员大量伤亡的原因(图8.7)。

日本工程结构与构造合理性类似柔性木框架体系(以柔克刚)或钢筋混凝土框架结构(以刚克刚)其框架抗震能力好。(图8.8)

一般情况下,地震对隧道的危害相对较小,特别是山体地形对称、岩体完整性好等地形地质条件下的隧道破坏比较少(图8.9),但通过地震断裂带和不稳定山体的隧道洞段通常会发生破坏,通过斜坡地带和非地震断裂破碎带等不良地形地质条件的隧道破坏也比较多。对于地震高烈度地区,除加强初期支护外,二次衬砌应采用钢筋混凝土结构,有利于隧道结构抗震。

2013年4月20日,四川省芦山县发生7级地震,从芦山县城通往宝盛乡唯一道路上,有一座看似一般的老桥,地震后塌方落下的巨石挡在桥头。2013年4月22日,武警官兵用炸药将这个约250t的巨石爆破,老桥仍屹立不倒,见图8.10。该老桥仍屹立不倒的核心是桥基础两边山体基本稳固,拱桥全部都是用规则坚硬块石砌筑而成,这样,山体、基础、拱桥三者共同作用能够始终处于“稳定平衡与变形协调”状态。成昆铁路“一线天”石拱桥也是如此。

a)

b)

图 8.7 汶川地震建筑物破坏情况

a)汶川框架结构房屋遭到巨石撞击也基本完整;b)汶川框架结构房屋基本完整与墙板结构房屋完全破坏对比

a) b) c) d)

图 8.8 日本工程结构与构造合理性类似柔性木框架体系(以柔克刚)或钢筋混凝土框架结构(以刚克刚)其框架结构抗震能力好

此外,坐落在芦山县龙门乡古城村东南的“张家大院”,上下两层,木瓦结构。与周围民房或倒塌或开裂不同,老宅除了屋脊上掉下几页瓦片外,其他几乎完好无损,见图 8.11。7 户张姓人家震后在这里正常生活。主人之一张某说:“建于清朝同治年间的老宅,在地震中除了屋脊脱落几块瓦片外,没有任何损伤。”同时,在汶川 8 级地震中,甘肃省文县碧口镇窦家坝村任某家的一栋两层民房完好如初(图 8.12),仅有轻微的裂纹和掉落几个瓦片而已。而在碧口镇,几乎百分之百的房屋倒塌或被损毁,再也无法居住。据任某介绍,这个房屋在1998年建造时没有过多考虑抗震功能,也不是什么框架结构,就是普通的

a) b) c) d)

图 8.9 某隧道进口(山体地形对称)与出口(山体地形偏压)衬砌对比

a) b)

图 8.10 芦山 7 级地震中老拱桥在地震、巨石及爆破作用下保持完好

砖木结构房屋。与其他房屋不同的是,房顶仅以木椽青瓦覆盖,质轻。一楼完全用优质实心砖,二楼用的空心砖;而各间房间之间的间隔并非砌以砖墙,而是用木质材料隔开。有人说,在地震活跃地带,农村房子提高抗震强度不现实,提高标准花费太大。但是,“张家大院”和任家两层民房却证明:只要建筑结构合理,农村民房提高抗震能力并非没有可能。真正的问题在于,目前对城市高楼大厦的抗震方法研究较多,而没有充分研究提高农村简易房舍抗震能力的方法。

a)

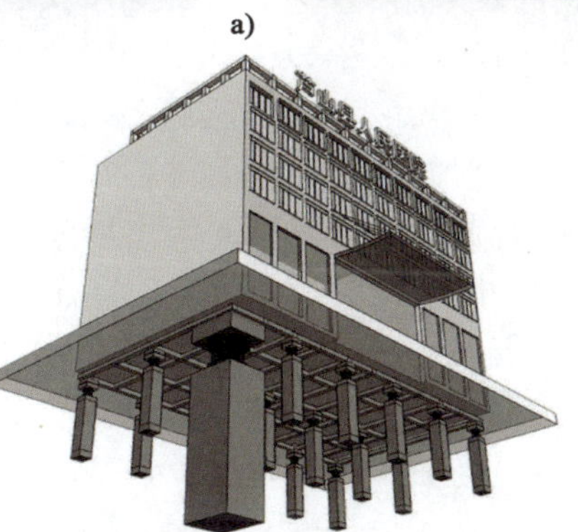

b)

c)

图 8.11　芦山 7 级地震中抗震性能较好的建筑结构

a)“张家大院”木结构老建筑完好无损;b)芦山县人民医院门诊综合楼橡胶隔震支座隔震措施;c)芦山县人民医院门诊综合楼地震后全貌及内部情况

图 8.12　汶川 8 级地震中任某家砖木结构建筑完好无损

芦山县人民医院综合大楼距离震中十余千米，大楼内部墙面虽有瓷砖掉落痕迹，但承重墙未见裂缝，窗户完好，被政府作为震后紧急避难及救护中心。据专家介绍，由于大楼朝向及采用的 83 个橡胶隔震支座等因素，该建筑经受住了芦山地震考验，在推广建筑隔震技术方面具有重要价值。

据悉，该建筑设计达到烈度 8 度的抗震要求，此次芦山地震烈度达到 9 度，超过了设计要求。这与大楼的建筑短向面对震源方向和采用的一些减震技术有密切关系。承建医院综合大楼项目工程的四川华远建设工程有限公司技术总监梁振宇说，在地基和地面建筑之间设计采用了 83 个直径为 500mm 和 600mm 的橡胶隔震支座。一旦地震发生，隔震结构会使建筑物的变形集中在隔震层，阻止地震波能量从下往上传播，使上部结构的层间基本不会变形，从而保护地面建筑结构基本不被破坏。通过与相邻建筑物比较，芦山县医院受地震破坏要小得多。有些建筑在采用橡胶隔震技术后，并不意味着成本一定增加，有时还可能减少，比如节约建筑上部钢筋混凝土等的使用量等，是“在地基上多花小钱，地面上节约大钱”。在芦山县医院修建成本中，隔震支座只占工程造价的 5% 左右，但它将地面建筑的抗震烈度提高 1 ~2 度。可见，隔震支座是目前实际运用可选择的一种隔震技术。

## 8.4　斜拉索风雨振减振措施的一些启示

拉索是斜拉桥的关键构件。由于拉索是柔性构件、质量相对较小、阻尼较低，在风荷载、风雨共同作用以及车辆荷载等活载作用下拉索容易发生振动。拉索大幅振动容易引起锚固端疲劳，或者损坏拉索端部的腐蚀保护系统，缩短拉索的使用寿命，严重时要紧急封闭交通。

经过近 20 年的努力，人们已初步认识到拉索风雨振的机制，雨水在拉索表面形成的水线及其在拉索表面的周向振荡是拉索风雨振的主要原因。尽管风雨振的激振机理仍在探索之中，但是为了满足工程建设的需要，工程师和研究人员找到了一些风雨振的减振措施。目前，拉索风雨振减振措施主要有：空气动力学措施、结构措施、机械阻尼措施。

空气动力学措施通过改变斜拉索的剖面形状和表面粗糙状况，破坏斜拉索上水线生成或改变拉索的气动外形，达到对风雨振的减振作用。气动减振措施主要方法有：拉索表面缠绕螺旋线、表面压制凹坑、在 PE 护套外表制成纵向肋条等（图 8.13）。结构措施主要是辅助索方法（图 8.14），即将各拉索之间用一根或多根辅助索连接起来，形成索网。这样可以减少拉索的自由长度，提高整个索面的刚度。由于辅助索破坏了索面的景观等原因，目前设计师较少采用这种方法。机械减振措施是利用机械阻尼器增大拉索阻尼，以降低拉索风雨激振振幅（图 8.15）。研究表明，拉索的横向只引起很低的应变，而采用高阻尼材料增加拉索结构的阻尼的方法非常困难，因此，在拉索和桥面之间安装阻尼器是必然选择。目前常用的阻尼器有：高阻尼橡胶阻尼器（即 HDR 阻尼器，实践证明这种减振效果不明显）、油阻尼器、剪切型黏滞阻尼器（VSD 阻尼器）、磁流变阻尼器（MR 阻尼器）。

a)

b)

图 8.13　空气动力学减振措施

a）刻制不规则凹槽；b）缠绕螺旋线

以上三种拉索减振措施都是采用适当的构造措施，改变拉索的结构特性（增大刚度，增加阻尼等），破坏拉索风雨振的形成条件，从而改善拉索的受力状态,达到减少拉索风雨振的振幅的目的。其核心是拉索增加表面构造,起到减少附加风雨荷载作用;拉索增加阻尼器或辅助索起到保持力的合理传递路径作用。

a)

b)

图 8.14　诺曼底大桥辅助索

a)

b)

图 8.15　阻尼器减振措施

## 8.5　日本山梨县笹子隧道天花板坍塌事故分析

日本山梨县笹子隧道于 2012 年 12 月 2 日上午 8 时左右,发生了数十块由混凝土制成的隧道天花板从约 50m 高处掉落,砸中三辆汽车,其中一辆失火的事故,见图 8.16。

图 8.16 救援人员聚集在高速公路笹子隧道隧道入口处

笹子隧道全长 4.7km，隧道顶部上百块混凝土板呈 V 字形坍塌，涉及大约 100m 长路段，距离一侧出口大约 1.7km。每块混凝土板长 5m，宽 1.2m，厚 8cm，质量 1.2t，由长 5.3m 的金属吊具固定在隧道顶端。据了解，隧道天花板金属吊具腐朽疑为主要事故原因，固定隧道顶部与天花板的金属吊具上数个螺栓脱落。笹子隧道内部摄像头拍摄的视频显示，隧道内混凝土板呈"V"形坍塌，见图 8.17。专家说，这可能显示，中央支撑梁可能出现某种程度削弱。1977 年，隧道开通后天花板未接受过大规模翻修。天花板及金属吊具的使用年限没有规定，该公司称没有更换螺栓的记录。显然隧道结构与天花板不是整体结构，而是通过螺栓连接的后加结构，这样结构整体性和风险可控性就不足（即状态 2）。本工程属于实际工程结构施工和使用过程中还存在从稳定平衡到不稳定平衡的亚稳定平衡状态，因此做到"结构合理、风险可控"很重要。

图 8.17 高速公路笹子隧道监控画面中可见坍塌的混凝土板

该隧道2012年9月接受常规检查,没有发现异常。

日本大阪大学隧道工程学荣誉教授谷本周夫佐推测,隧道坍塌原因可能为建筑老化。“仅按一般情形推断,那是条老隧道,可以想象,一些连接顶部板块和梁柱的部分或梁柱本身可能因地震或过往车辆的冲击而受损”。1996年,北海道一处隧道坍塌,击中包括一辆大巴车在内的多辆汽车,20人丧生。

另外,隧道掉块和坍塌风险还有其他形式,例如:

(1)2002年,G330桃花岭隧道未填实的塌空区发生掉块砸坏拱顶。

(2)2002年,G010黄土岭隧道顶上水库通过塌空区透水引发水害致使衬砌坍塌。

(3)2008年汶川地震引发宝成线109铁路隧道遭遇油罐车燃烧,衬砌已烧坏也无大碍。

第(1)、(2)种情况均为地质条件不良,即破碎土石混合围岩;第(3)种情况为地质条件良好,即整体坚硬围岩。

## 8.6 预应力混凝土变截面连续箱梁实例

工程结构“稳定平衡与变形协调”和“外力做功有效转换为弹性应变能”理念也能应用于“预应力混凝土连续箱梁桥裂缝分析与防治”中。核心是应用“稳定平衡与变形协调”和“外力做功有效转换为弹性应变能”理念使得独立受力钢筋混凝土组合结构系统由组合或单件部分受力体转变为整体共同受力体;而对于变形不协调的几个独立受力钢筋混凝土组合结构系统,还是分开好,避免连接部分开裂。如先简支后连续梁三跨为宜;三幅斜交连续箱梁桥由于在相同位置变形不协调,各幅斜交连续箱梁桥应该分开。

20世纪80~90年代,在预应力混凝土连续箱梁设计中普遍应用优化理论,以大大节省预应力混凝土结构中的钢筋和混凝土数量,但十几年的实践表明,如果优化违背了自然法则,其结果比不优化还糟糕。因此,一方面遵循基本力学原理和节约原则,对上述不当做法进行了归正修改。另一方面针对目前预应力混凝土连续箱梁桥出现结构裂缝比较普遍的现状,通过现场裂缝调查和观测,分析了主要的结构裂缝形式及其成因,探讨了箱梁桥开裂的敏感性因素,提出并应用钢桁梁桥空间抗剪和箱梁桥裂缝加固比拟法及相应改进措施,并应用多室多箱变截面混凝土箱梁桥的空腹桁架有限元分析模型进行校核,以期综合反映箱梁桥的弯曲、扭转、畸变翘曲、横向弯曲、剪力滞后和多向预应力等结构受力状态。

通过对实桥进行平面计算分析和空间计算分析的比较，得出了平面分析仍适用于结构设计计算，但在使用阶段须采用空间分析验算的结论。通过对多座实桥进行理论裂缝分布规律和实测裂缝分布规律的比较，结果表明，提出的有限元计算模型能较好地反映预应力箱梁桥的应力应变状态。进一步计算分析得出了：纵向预应力束布置和竖向预应力的大小对箱梁桥腹板斜裂缝的控制等起着主要的作用。这些结论与比拟法得出的结论一致，这也说明了比拟法思想的正确性。在此基础上，对预应力混凝土连续箱梁桥的结构分析方法、预应力束和非预应力筋设计以及箱梁桥的构造设计（特别是腹板厚度）提出了具体改进措施，并对容易导致箱梁桥裂缝的施工环节提出了具体要求。这些思想和方法在实桥设计和施工中得到了验证，证明是可行而有效的，与2004年新颁布的《公路钢筋混凝土及预应力混凝土桥涵设计规范》（JTG D62—2004）的思路也是一致的。新的设计规范实施后，同类箱梁开裂现象逐年减少，应该值得充分肯定。在重新印刷之际增补了防止箱梁底板开裂等内容，并与近几年同类研究、设计、施工等最新成果相衔接。

这些内容科学合理，与现行公路桥梁设计与施工规范有机结合，既继承了以往预应力混凝土连续箱梁桥在设计和施工方面的成功理论和经验，又对这些理论和方法进行了创造性的总结和发展。

（1）纵向预应力配索方案的发展变迁

自20世纪80年代末以来，越来越多的预应力连续箱梁桥的设计采用了直筋式的纵向预应力配索方案，见图8.18和图8.19。这样做的目的无非是两个方面：一是为了减少用筋量，降低造价；二是为了施工方便，减少预应力损失。但是，任何改进方案必须以一定的力学规律为基础，直筋式配索方案（图8.20）的提出始于20世纪80年代末，而20世纪80年代末以来的预应力混凝土连续箱梁桥较普遍地出现了裂缝病害（有的甚至相当严重），这一看似巧合的事实显示了重新探讨直筋式纵向预应力配索方案合理性的紧迫性和必要性。

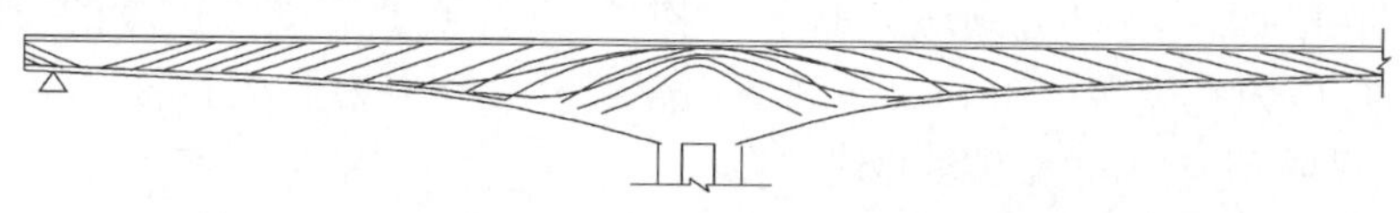

图8.18　国内外传统的纵向预应力配索方案

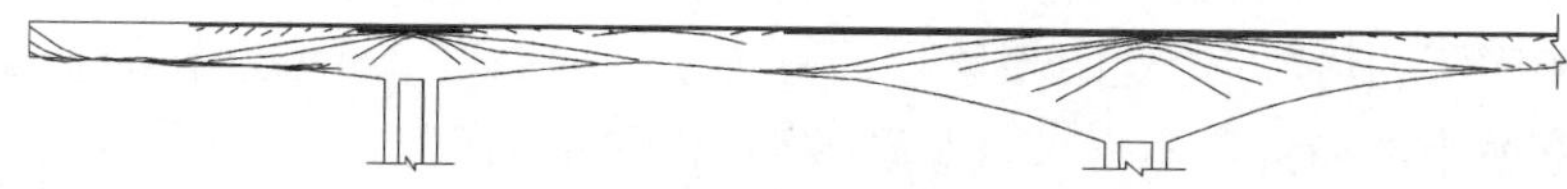

图8.19　优化的纵向预应力配索方案

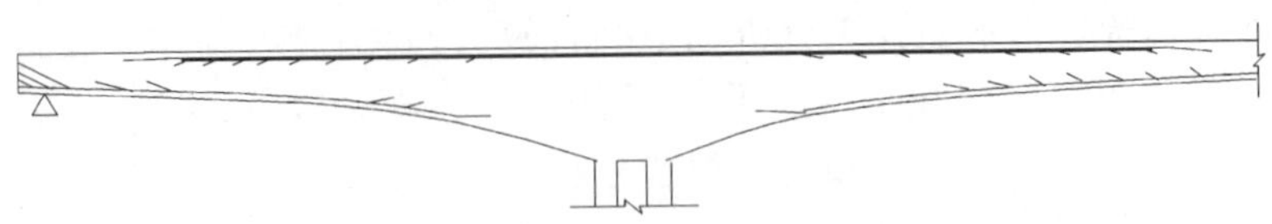

图 8.20 直筋式纵向预应力配索方案

(2)纵向预应力配索方案的正确选择

正确的纵向预应力配索方案,从目前来看,主要仍然应该从以下三个方面来考虑:

①根据预应力混凝土结构学的原理并结合受弯梁的受力状态,选择正确的配索方案,包括弯起索、连续索等。对于预应力混凝土箱形梁来说,情况当然更要复杂得多,包括纵向预应力索的锚头布置、竖向预应力筋的有效预应力、箱梁桥腹板厚度等,都需要综合考虑,才能充分合理地设计好箱梁桥的纵向预应力配索。

②在对预应力混凝土梁桥的抗剪强度机理尚不完全了解的情况下,为了增加结构的安全性和可靠度,适当增加钢筋用量从长远来看,反而是经济的。拿预应力混凝土箱梁桥来说,近年来有不少都是刚建成通车不久就出现严重的裂缝,不得不进行大规模的加固维修(如在垂直裂缝方向贴钢板条),造成的危害不仅仅是花费高昂的维修加固费(如国内某桥贴钢板条进行加固维修的费用达 600 万元之巨),在安全营运、养护管理等各方面都留下了隐患。

③根据预应力度的大小,将构件划分为全预应力和部分预应力,部分预应力又分为 A 类和 B 类构件。全预应力混凝土构件,在作用(或荷载)短期效应组合作用下,构件任何截面的受拉边缘不允许出现拉应力,因此,需要保持较大的预应力度。部分预应力混凝土构件,意味着在作用(或荷载)短期效应组合作用下,控制截面受拉边缘已出现拉应力或裂缝,与全预应力构件比较,此时的预应力度有所降低。预应力度的降低,表示预应力钢筋可以少用,这是设计部分预应力构件的目的之一。部分预应力的 A 类构件,其控制截面受拉边缘的拉应力受到限制;拉应力超过限值直到出现裂缝均属于部分预应力 B 类构件。

(3)纵向预应力配索方案的建议

大跨径预应力箱梁桥的几种配筋方案见图 8.21。

①应配置适当的腹板下弯束,以改善箱梁腹板主拉应力。腹板下弯束宜对称布置于腹板,其锚固位置距箱梁顶面宜置于截面高度 2/3 位置附近。

②宜适当增加负弯矩钢束,以减少跨中正弯矩钢束。

③按全预应力构件设计时,最不利荷载组合下,正截面最大压应力不宜大于

规范限值的0.9倍,最小压应力储备宜控制在1MPa。

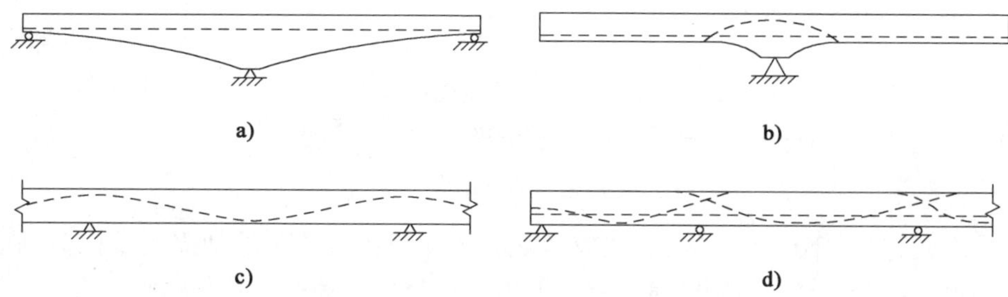


图8.21　大跨径预应力箱梁桥的几种配筋方案

④底板钢束应尽量靠近腹板布置,钢束应平弯靠近腹板锚固,锚固齿板应与腹板连成整体,底板齿板不宜做成横向贯通齿板。

⑤跨中底板应预留连续钢束数量的10%并不少于2孔的备用孔道,作为运营期备用束的孔道。

(4)比拟法的应用

①钢桁梁桥抵抗剪力比拟法,见图8.22。

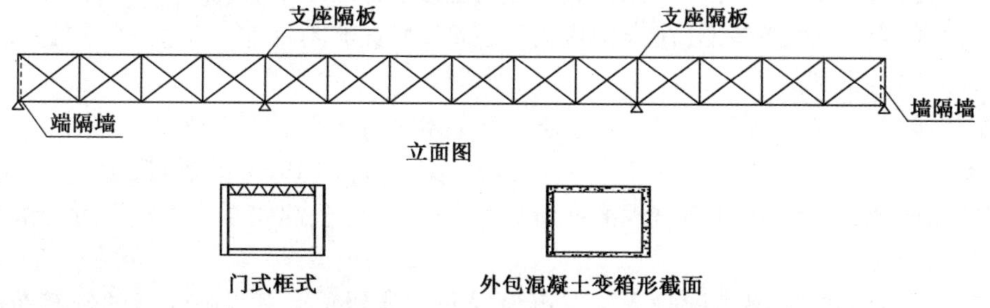


图8.22　连续钢桁梁桥及抽象连续钢桁梁混凝土箱梁桥示意图

②预应力混凝土连续箱梁桥裂缝加固比拟法,见图8.23。

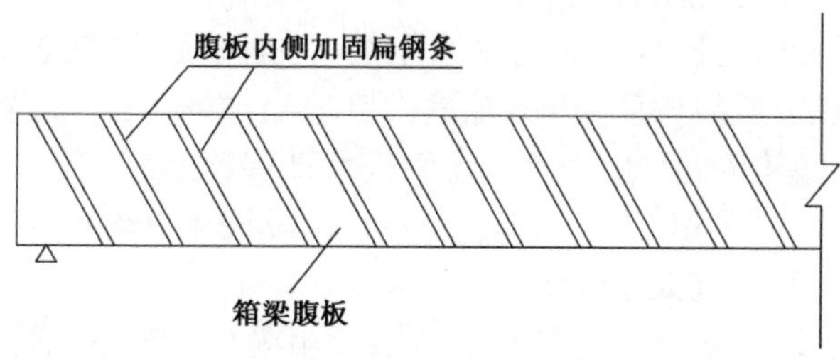


图8.23　腹板内侧粘贴加固扁钢条布置示意图

③钢筋混凝土梁桥结构配筋要求比拟法,见图8.24。

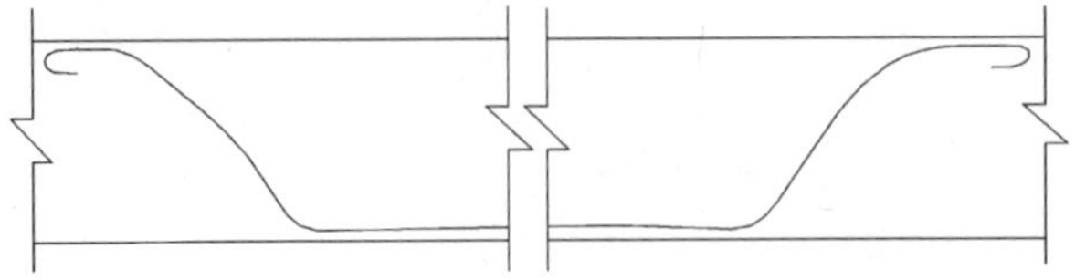

图8.24 抗剪斜筋的形式

因此,参照钢桁梁桥构造、预应力混凝土连续箱梁桥裂缝加固增设抗剪钢板条和钢筋混凝土桥的结构配筋要求,采用工程类比法思想,在预应力混凝土连续箱梁桥的裂缝防治上,可借用上述抗剪和抗扭构造设计来解决其混凝土强度不足等的问题,并且应十分重视非预应力钢筋的配置。

试验和工程实践表明,在异常荷载或没有考虑到的约束力的作用下,梁腹中的裂缝(完全预应力时产生裂缝)即使小到无害的程度,也必须配置足够的非预应力束来弥补灌浆的预应力钢筋黏结质量不佳的影响;为了保证按完全黏结时计算出的极限荷载下的设计安全度,也有必要配置附加的非预应力钢筋。对于桥梁结构来说,在不少情况下,有限或部分预应力比全预应力对结构的性能更有利。但其前提条件是,根据裂缝限制的规定配置有足够的非预应力钢筋,以弥补较弱的预应力,也就是说,在全预应力时,如果配置的附加非预应力钢筋太少,对桥梁结构是不利的。

因此,非预应力钢筋包括纵向分布钢筋和箍筋(对构件的斜截面抗剪承载力和抵抗主拉应力的贡献是非常大的)。如美国桥规(1994年版)规定:

①在斜裂缝极有可能出现的所有区域需要设置横向钢筋(最好设置与裂缝垂直的斜箍筋)。

②横向钢筋根据结构受力情况可设置与受拉纵筋呈不小于45°的斜箍抗裂钢筋,并与垂直钢筋(与构件轴线垂直)焊接成钢筋网。

要求配置足够数量的非预应力,对钢筋普通钢筋具体设置的建议如下:

①腹板、齿板应配置闭合箍筋。

②底板应配置防止底板崩裂的受力钢筋,防崩钢筋在有连续钢束的节段采用闭合箍筋,且在节段线两侧80cm范围内宜适当加强,在无连续钢束的节段可采用135宜弯钩的钩筋,要求箍(钩)住底板最外层钢筋。

③钢束定位钢筋采用“井”字形,对于直线段钢束,间距不宜大于80cm,对于曲线段钢束,间距不宜大于50cm。

④对于高度较高、截面尺寸较大的桥墩及箱梁0号节段,表面宜配置带肋钢筋网,以防止温度及收缩裂缝。

在宁波市交通运输委员会大力支持下，宁波市交通运输规划设计研究院有限公司等单位在以下桥梁工程上根据研究成果进行了改进设计：采用合理结构构造和合理配筋的三跨预应力混凝土变截面连续箱梁。

①海盐大桥。海盐大桥主桥布跨为45m + 70m + 45m变截面预应力混凝土连续箱梁桥，桥梁全宽27m，该桥于2000年4月开工，2001年10月完工，10年来没有发现结构性裂缝，使用情况良好，见图8.25。

图8.25　海盐大桥

②梅山大桥。梅山大桥主桥布跨为75m + 130m + 75m变截面预应力混凝土连续刚构桥，上下行分幅布置，单幅桥梁宽度13.55m，该桥于2008年3月开工，2010年5月完工，两年来没有发现结构性裂缝，使用情况非常好，见图8.26。

a)

b)

图8.26　梅山大桥

③舟山大陆连岛工程宁波连接线。本项目路线总长 4.143km,设置主线高架桥全长 3.845km/1 座,与宁波绕城高速公路相交的蛟川枢纽互通立交 1 处,主线收费站 1 处。主线高架桥桥梁宽度 26m,主线高架桥采整体式等截面预应力混凝土连续箱梁桥,标准跨径 30m,该工程于 2007 年 12 月开工,2009 年 11 月完工,两年多来箱梁结构没有发现结构性裂缝,使用情况非常好,见图 8.27。

图 8.27　舟山大陆连岛工程宁波连接线

# 9 路基路面工程受力性能分析

## 9.1 路面、路床受力影响分析

从图9.1可知:当路面各结构层刚度合理和变形协调时,汽车轮胎荷载在路面各结构层呈类似梯形分布,路面各层可按均布荷载层状弹性平板结构受力分析。但当上面层或中面层刚度小于货车轮胎刚度时,则汽车轮胎荷载在上面层或中面层呈类似剪切矩形集中力分布,面层容易产生剪切失稳,并发生车辙病害。而当路床填料不均匀时,则路床容易产生变形不协调,路床的局部不均匀沉降会对基层和底基层产生较大的附加弯拉应力。这样基层受力不是均布荷载,路基不再满足层状弹性平板结构受力分析条件,基层容易产生弯拉开裂损坏。

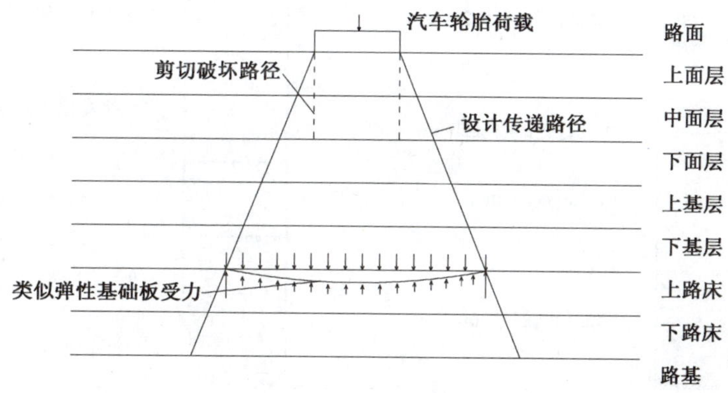


图9.1 上或中面层和基层受力分布

对比苏州与某市路基填筑状况(图9.2),两者路面结构相同,只是路基材料和填筑工艺有差别,使用效果差别很大,见图9.3和图9.4,经对比有如下认识:宕渣路基遇水(毛细水上升、外部水下渗)容易松动,会出现力的不合理转移,整体共同受力性能差,会产生不均匀沉降,这样路基自身或与路面之间会产生变形不协调,可能直接导致路面开裂。而某市采用路基压注水泥砂浆改善路面损坏状况就是“使得宕渣路基整体共同受力,减少不均匀沉降,改善路基自身或与路面之间变形协调性,防止路面开裂”的例子。又如《中国公路》2012 年 12 月报道“十年不坏的秘密”:云南曲陆高速公路水泥路面探索防止水害关键做法,开始断板治理采用传统 42cm 板下灌浆深度,但挤泥、脱空现象未完全消除,查找不稳定的部位是水泥稳定层及以下基层,将治理深度由 42cm 调到 65cm,养生期过后,挤泥、脱空现象完全消除,水泥板稳定了,爆发式断板现象得到有效控制。通常软土上垫块石头,人可走路,但垫些碎石,人走路时可能会陷脚。江苏省软土路基不论掺灰土还是宕渣,均采用下隔上封措施和低路堤,能有效防止水害,可比喻为轻载密封船,较稳定;而其他软土宕渣路基没有采用下隔上封措施和较高路堤,不能防止水害隐患,可比喻为重载微漏船,会出现不均匀沉降。可见“综合把握施工工法与工程结构构造合理、材料特性与环境条件,达到整体共同受力与变形协调以及防止薄弱部位或环节”很重要。

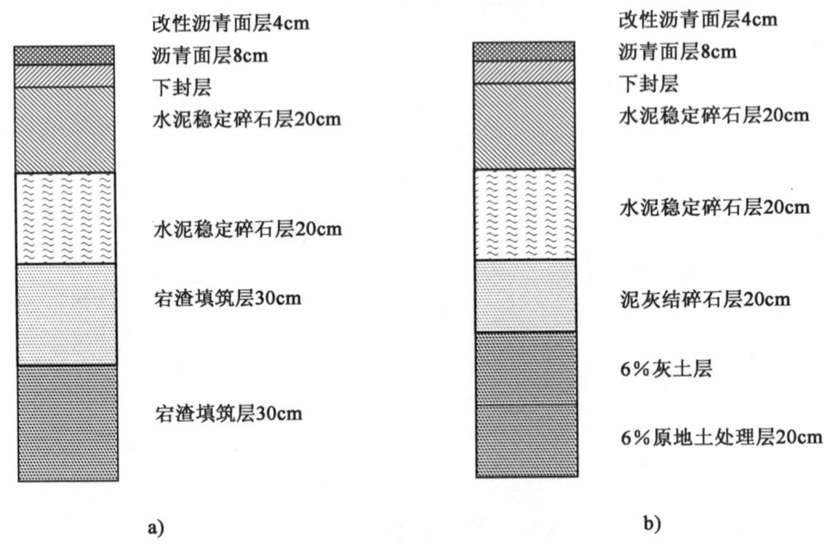


图 9.2 干线公路常用路基路面结构

a)某省常用路面结构;b)江苏省、山东省常用路面结构

a) b) c) d) e) f) g)

图9.3 苏州软土路基路面施工状态分布

a)

b)

图 9.4 其他软土宕渣路基路面施工状况分布

## 9.2 路基不均匀沉降引起的路面结构附加应力理论分析

研究资料表明:软土地基上的路基普遍存在不均匀沉降变形问题,这种变形会对路面结构产生较大的影响,并使其产生较大的附加应力,甚至这种附加应力有可能超过行车荷载引起的应力,从而使路面结构出现早期破坏,如路面的沉陷、纵横交错向裂缝、翻浆等。我国现行规范在路面设计时主要考虑了行车荷载的影响,还没有考虑路基不均匀沉降所引起的路面结构层附加应力。

### 9.2.1 路基横断面整体不均匀沉降对路面的影响

采用有限元软件,分析路基不均匀沉降引起的路面结构内部应力变化,不同沉降量下各路面结构层层底的水平附加应力计算结果如图 9.5 所示。据计算结果可知,软土地区路基的不均匀沉降会对路面结构产生较大的附加应力,且随着沉降量的增大,各种附加应力呈线性增加,尤其是对于半刚性基层而言,当路基沉降量达到一定值时,其附加拉应力可能超过材料的极限抗拉强度,造成基层开裂。因此,在公路建设以及养护过程中,应对路基采取科学、合理的处理措施,提高路基的稳定性,避免因不稳定的路基给路面工程留下隐患。

### 9.2.2 路基局部不均匀沉降对路面的影响

利用有限元软件,建模分析在路基局部不均匀沉降影响下,路面结构内部的附加应力及其变化趋势。为便于建模分析,假设路基的局部不均匀沉降沿路中线对称,其沉降半径分别为 1m、2m、3m、4m、5m,最大不均匀沉降量分别为 1cm、3cm、5cm、7cm、9cm,路基局部不均匀沉降曲线示意,如图 9.6 所示。

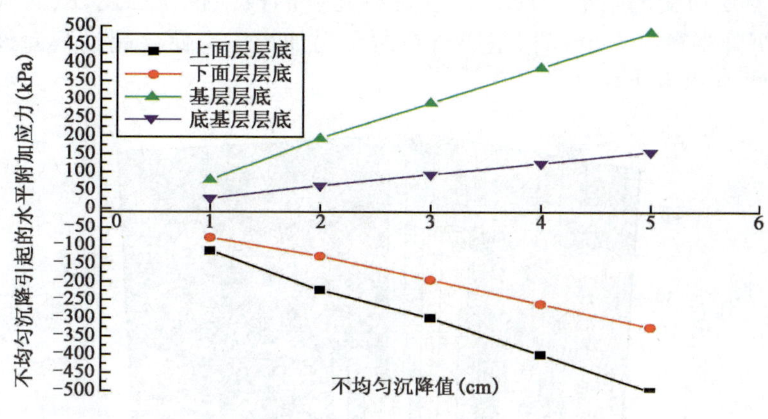


图9.5 不同沉降量下各路面结构层层底的水平附加应力 $\sigma_x$

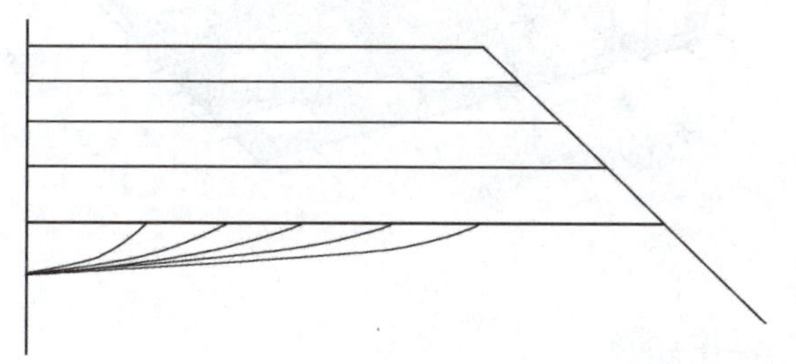

图9.6 路基局部不均匀沉降示意图

(1)对基层的影响

由于路基不均匀沉降引起的基层附加拉应力表现出明显的规律性,见图9.7。在相同的沉降半径下,基层的附加拉应力随着沉降深度的增大而增加。例如,沉降半径为5m时,当沉降深度从1cm增加到3cm时,最大附加拉应力从0.383MPa增大到1.15MPa,当沉降深度为5cm时,附加拉应力达到1.916MPa。

在相同的沉降深度下,基层的附加拉应力随着沉降半径的减小而增大,沉降半径越小,附加拉应力的增加值越大。例如,沉降深度为1cm时,当沉降半径从5m减小到3m时,最大附加拉应力从0.383MPa增大到0.652MPa,当沉降半径减小到2m时,附加拉应力达到1.614MPa,附加拉应力的增幅明显加大,当沉降半径减小到1m时,附加拉应力更是高达4.763MPa。

一般情况下,采用水稳碎石材料的基层,抗拉性能较弱,极限抗拉强度一般为0.4 ~0.6MPa,从上述计算结果可知,在路基局部不均匀沉降下,沉降深度为

3cm 时,基层所受的附加拉应力超过材料允许的极限抗拉强度;当沉降深度为1cm,而沉降半径小于3m时,基层材料所受附加拉应力便会超过其允许的极限抗拉强度,从而发生破坏。

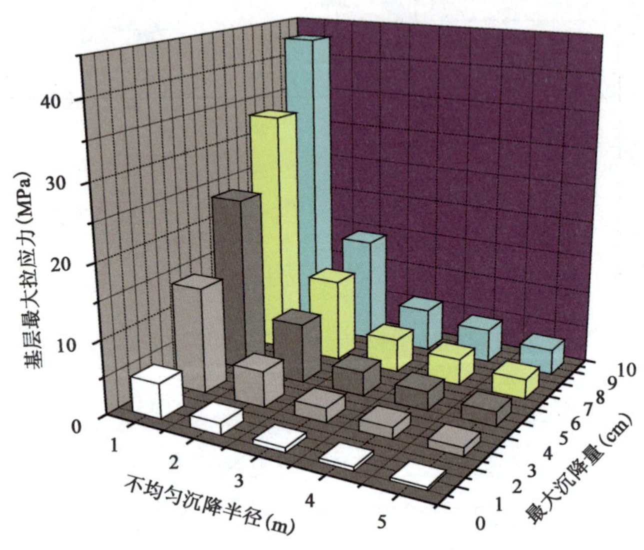


图 9.7　基层最大拉应力

(2)对底基层的影响

由于路基不均匀沉降引起的底基层附加拉应力也表现出明显的规律性,见图 9.8。与基层附加拉应力相比,底基层的附加拉应力值要小很多。在相同的沉降半径下,基层的附加拉应力随着沉降深度的增大而增加。例如,沉降半径为5m时,当沉降深度从1cm增加到3cm时,最大附加拉应力从0.089MPa增大到0.266MPa,当沉降深度为5cm时,附加拉应力达到0.44MPa,当沉降深度为7cm时,附加拉应力为0.621MPa。

在相同的沉降深度下,底基层的附加拉应力随着沉降半径的减小而增大,沉降半径越小,附加拉应力的增加值越大。例如,沉降深度为1cm时,当沉降半径从5m减小到3m时,最大附加拉应力从0.089MPa增大到0.17MPa,当沉降半径减小到2m时,附加拉应力达到0.573MPa,当沉降半径减小到1m时,附加拉应力达到1.965MPa,附加拉应力的增幅明显加大。

一般情况下,底基层材料的抗拉性能较弱,极限抗拉强度一般为0.4~0.6MPa,从上述计算结果可知,在路基局部不均匀沉降下,沉降深度为7cm时,底基层所受的附加拉应力超过材料允许的极限抗拉强度;沉降深度为5cm,沉降半径小于

4m 时,底基层所受的附加拉应力早已超过材料允许的极限抗拉强度;当沉降深度为 3cm,沉降半径小于 2m 时,底基层材料所受附加拉应力超过其允许的极限抗拉强度;当沉降深度为 1cm,沉降半径小于 1m 时,材料才会发生破坏。

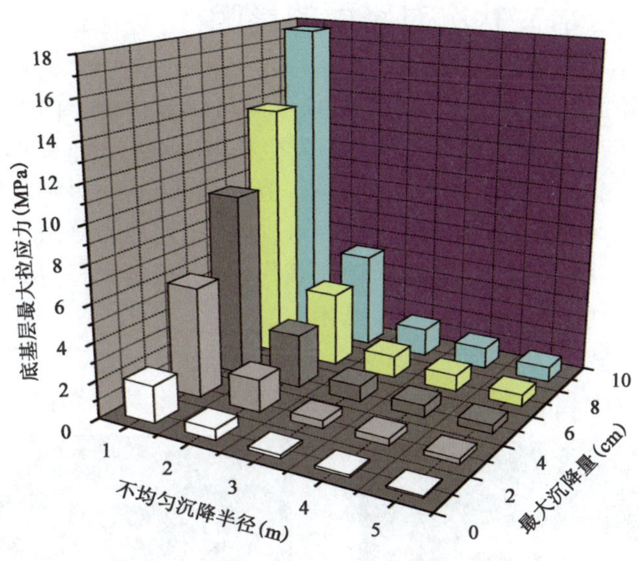


图 9.8 底基层最大拉应力

### 9.2.3 不均匀沉降引起路面结构附加应力的基本认识

(1)路基的局部不均匀沉降会对路面结构产生不利影响,将会使基层和底基层产生较大的附加拉应力。

(2)对于基层和底基层,因路基局部不均匀沉降引起的附加拉应力表现出明显的规律性,在相同的沉降半径下,基层的附加拉应力随着沉降深度的增大而增加;相同的沉降深度下,基层的附加拉应力随着沉降半径的减小而增大,沉降半径越小,附加拉应力的增加值越大。

(3)在相同的沉降半径和沉降深度下,基层内部的附加拉应力要明显高于底基层内部的附加拉应力。当沉降深度为 1cm,沉降半径小于 3m 时,基层材料所受附加拉应力便会超过其允许的极限抗拉强度;当沉降深度为 7cm 时,底基层所受的附加拉应力超过材料允许的极限抗拉强度;当沉降深度为 5cm,沉降半径小于 4m 时,底基层所受的附加拉应力早已超过材料允许的极限抗拉强度;当沉降深度为 3cm,沉降半径小于 2m 时,底基层材料所受附加拉应力超过其允许的极限抗拉强度;当沉降深度为 1cm,沉降半径小于 1m 时,材料才会发生破坏。

(4)相比于之前计算的路基整体不均匀沉降对路面结构的影响,路基的局部不均匀沉降对路面结构的破坏更加明显。

## 9.3 路基水文状况对路面的影响

水对沥青路面的损害根据作用的对象不同可以分为如下两类:一类是沥青混合料的水损坏,该类病害使沥青混合料发生松散、剥落,形成路面坑槽,进入路面内部的水在荷载作用下对基层产生冲刷,造成翻浆病害,影响其使用功能,属于使用功能性损坏;另一类病害是路基的水损坏,该类病害是由于路基进水,其强度和稳定性降低,在上部自重及车辆荷载作用下,路基失稳,从而导致整个路面结构发生结构性破坏,属于结构性损坏。

330 国道某段 K303 +450 ~ K305 +080 左幅路况差,病害形式多,程度重,典型的病害形式有裂缝、松散、车辙、沉陷、翻浆等,图 9.9 为该路段典型病害形式。

a)

b)

图 9.9 330 国道某段典型病害形式

为进一步了解不同路面病害形式下,路基的水文状况,在该路段大中修之前,组织人员进行了横断面开挖,进行分析研究。

### 9.3.1 K303 +950 左幅横断面开挖状态分析

该桩号处路面表面龟裂严重,伴有较为一定的局部沉陷,路面病害如图 9.10 所示。对该横断面实施开挖,如图 9.11 所示。

从断面开挖情况可以看出,在严重龟裂和布局沉陷病害的下面,随着破碎的面层结构被清理出开挖槽,路基局部汇水越来越多,表明该处路基处于不良的水文状况,面层以下的各结构层有松散现象,面层沥青混合料出现较为明显的水损坏。含水率过大的路基将不能给上部结构提供足够的刚度和稳定性,在汽车荷

图 9.10 严重龟裂

a)

b)

图 9.11 K303 +950 左幅断面开挖情况

载以及上部路面结构自重的作用下,局部含水率过大的路基容易发生局部不均匀沉降现象,该种局部不均匀沉降将使原有路面结构层产生附加应力,对路面结构产生不利影响。

(1)对于水泥稳定类的半刚性基层,因其容许拉应力较小,当局部沉降量超过某一限值时,半刚性基层层底产生的附加拉应力将超过结构层的容许拉应力,导致结构层发生由下而上开裂破坏。

(2)当局部沉降量较小时,基层层底附加拉应力虽不足以使基层开裂,在该附加拉应力和荷载应力的共同作用下,将加速半刚性基层的开裂破坏。

### 9.2.2 K303 +520 左幅横断面开挖状态分析

该桩号处路表松散、坑槽病害严重,伴随一定的龟裂,如图 9.12 所示。

对该横断面实施开挖,如图 9.13 所示。

从 K303 +520 左幅断面开挖情况可以看出,该断面路基处于干燥状态,水文状况良好,面层下部的各个结构层没有发生明显的松散破坏,清理基层表面发现,该处基层局部出现裂缝,但没有明显的网状裂缝,基层整体性尚可。该处路面病害主要以表面松散、坑槽、车辙为主,这主要是由沥青混合料自身的稳定性不足而引起的。

图 9.12　松散、坑槽与车辙病害

图 9.13　K303 +520 左幅断面开挖情况

### 9.3.3　路基水文状况对路面的影响的基本认识

两个开挖断面及断面前后的弯沉检测结果,如表 9.1 所示。

弯　沉　值　　表 9.1

| 测试桩号 | 车　道 | 左侧弯沉值(0.01mm) | 右侧弯沉值(0.01mm) |
|---|---|---|---|
| K303 +970 | 左 | 72 | 242 |
| K303 +950 | 左 | 64 | 56 |
| K303 +530 | 左 | 18 | 62 |
| K303 +510 | 左 | 30 | 6 |

从弯沉检测结果可以看出,K303 +950 左幅断面及其附近的弯沉值大,路面整体承载能力低,K303 +520 左幅断面及其附近的弯沉值适中,路面整体承载能力尚可。

对比 K303 +950 左幅断面开挖情况和 K303 +520 左幅断面开挖情况可知,因路基水文状况不良引起的局部沉降将导致路面结构从下至上的整体性破坏(其表面主要破坏形式为严重的龟裂破坏);路基水文状况良好的路段,面层以下的结构层则较为完好,其病害形式主要以沥青混合料自身稳定性不足而引起的表面层松散、坑槽和失稳性车辙为主。

## 9.4 对路基及基层病害的有效处理将提升路面使用质量

影响沥青路面使用质量的因素众多,针对各种病害产生的原因,正确、及时、有效的处理方法方能提升沥青路面的使用质量,在沥青路面养护过程中,重视路基及基层的养护,提高其稳定性将显著提升沥青路面的养护质量,以下是较为典型的养护工程。

(1)G104:K1357 ~ K1361 段大中修工程

104 国道 K1357 ~ K1361 段在 2009 年进行了路面大中修,该路段改造前,道路的裂缝、沉降、变形等病害非常突出,由路基不均匀沉降引起的纵向裂缝最宽处有 10cm 之多,严重影响了行车安全性、舒适性及道路美观。通过调查发现,原路面改造时未对断裂的水泥混凝土板进行合理处理,而是在原水泥混凝土路面基础上拓宽改造而成。在 2009 年路面大中修工程中,某市公路管理处提出有针对性的路基处理方案——对路面病害较小且路基相对稳定的路段,采用路基无破损灌浆方式处理路基;对路面病害严重、路基承载力较低的路段,采用开挖路基把老水泥板块重新破碎的方式进行处理,如图 9.14 和图 9.15 所示,并在对基础进行了行之有效的处理后进行了面层修复。

对 104 国道某段(K1358 ~ K1359)进行了路面检测。检测结果显示,该路段经过两年多的运营,现有路面技术状况良好,无明显沉降、裂缝、车辙等早期病害,相较于该路段之前的养护情况,其路况得到了很大提升,具体检测数据分析,如表 9.2 所示。

**104 国道(K1357 ~ K1358)弯沉检测结果** 表 9.2

| 平均值(0.01mm) | 标 准 差 | 代表值(0.01mm) |
|---|---|---|
| 13.9 | 7.5 | 26.3 |

图 9.14 路基无破损灌浆

图 9.15 路基开挖

从检测结果可知，经过大中修的 104 国道，在运营两年后，弯沉的代表值为 26.3(0.01mm)，路面承载能力较好。

(2)G104:1376+500~K1377+000 右幅大修工程

该路段于 2010 年进行大修，处理方式为老路面基层病害处理后(原路面铣刨 10cm)，就地冷再生 12cm 泡沫沥青，再加铺 5cmAC-16 沥青混凝土。

2012 年 6 月，对该路段进行了路面检测，检测内容包括——构造深度、摩擦系数、平整度、钻芯取样、路面弯沉，结果见表 9.3 和表 9.4，可知，该路段运营两年后，其使用性能良好。

**K1376+500 与 K1376+800 检测结果** 表 9.3

| 检测点里程 | 构造深度(mm) | 摩擦因数(BPN) | 平整度(mm) |
|---|---|---|---|
| K1376+500 | 0.84 | 57 | 1.0 |
| K1376+800 | 0.93 | 57 | 1.2 |

弯沉检测结果 表9.4

| 平均值 | 15.5 | 变异系数 | 0.166 |
| --- | --- | --- | --- |
| 标准差 | 2.579 | 弯沉代表值 | 19.74 |

注:1. 测试时路面温度为36.4℃,温度修正系数 $K=0.93$。
2. $y=1.113x+5.1448, R=0.963$。

(3)G104:K1372 +000 ~ K1371 +000 左幅大修工程

该路段于2010年对原有水泥路面进行了碎石化处理,并在处理后的路面上加铺沥青面层,表9.5~表9.8为2012年6月该路面的检测结果,可知,路段的代表弯沉值为27.8(0.1mm),路面的整体承载能力良好。

**K1372 +000 检测结果** 表9.5

| 构造深度(mm) | 摩擦因数(BPN) | 平整度(mm) |
| --- | --- | --- |
| 0.98 | 62 | 0.8 |

弯沉检测结果 表9.6

| 平均值 | 20.1 | 变异系数 | 0.235 |
| --- | --- | --- | --- |
| 标准差 | 4.718 | 弯沉代表值 | 27.83 |

注:1. 测试时路面温度为35.6℃,温度修正系数 $K=0.93$。
2. $y=1.113x+5.144\,8R=0.963$。

(4)某公路K14 +700 ~ K15 +300路面修复工程

该路段超车道挖除路面结构层,采用换填15cm碎石垫层+35cm二灰碎石基层+7cmAC-20C沥青面层后,全幅采用5cmAC-16C沥青面层罩面,表9.7和表9.8为运营两年后的检测结果,可知,路段的整体承载能力及其他使用性能良好。

**K14 +730 与 K14 +950 检测结果** 表9.7

| 检测点里程 | 构造深度(mm) | 摩擦因数(BPN) | 平整度(mm) |
| --- | --- | --- | --- |
| K14 +730 | 0.84 | 55 | 1.6 |
| K14 +950 | 0.80 | 53 | 1.0 |

弯沉检测结果 表9.8

| 类　别 | 上　行 | 下　行 |
| --- | --- | --- |
| 平均值 | 22.6 | 24.6 |
| 标准差 | 4.355 | 6.527 |

续上表

| 类　别 | 上　行 | 下　行 |
| --- | --- | --- |
| 变异系数 | 0.193 | 0.266 |
| 弯沉代表值 | 29.72 | 35.29 |
| 备注 | 1. 测试时路面温度为37℃，温度修正系数 $K=0.94$。<br>2. $y=1.113x+5.1448$，$R=0.963$。 | 1. 测试时路面温度为36.1℃，温度修正系数 $K=0.94$。<br>2. $y=1.113x+5.1448$，$R=0.963$。 |

## 9.5　软土路基路面设计施工管理成功经验与启示

(1)江苏省软土路基路面设计成功经验

对软土地基土质填料路堤基底及路床采用掺灰土下隔上封措施的低路堤，能有效防止水害，可比喻为轻载密封船，较稳定；而其他软土宕渣路堤未采用下隔上封措施且路堤较高，不能防止水害隐患，可比喻为重载微漏船，易出现不均匀沉降。可见，“综合把握施工工法与工程结构构造合理和材料特性与环境条件，达到整体共同受力与变形协调以及防止薄弱部位或环节”很重要。

(2)铁路路基冻胀处理成功经验

青藏高原或东北地区温差巨大，容易出现路基冻胀。路基设计施工要控制路基中水的含量，路基中如果没有水分，就会像砂土一样，没有强度；而水分过多，冬冻膨胀，夏融收缩，会导致路基变形，高铁无砟轨道(整体道床)无法适应路基过度变形，又无法再通过填埋道砟来平顺轨道，路基冻胀是致命的。

路基铺设时要同时注意地下水和地表水，对于地下水，要封堵隔断，如果冻土层比较浅，可以将冻土层刨去全部替换成工程用土。对于地表水，要设计好排水设施，用护坡和排水沟等将来水及时排掉，不能长时间滞留。

某高铁部分路段的路基，没有处理好冻胀的问题，正在对路基进行重新处理。而我国经过科学试验，已经掌握了在北纬45°严寒地区(最低温度可达－40℃地区)铺设无砟铁路的技术，只是某高铁在设计、建设过程中，没能认真应用这些技术。

目前已建成的某高铁，70%多的路段选择以桥代路，也就是在高架桥上铺设无砟轨道；20%多的路段是在地面路基上铺设无砟轨道。路基无砟轨道路段，主要集中在隧道、车站两端的延长线上。高架桥的基座打入地下深度大于40mm，采用高架的轨道并没有出现问题，问题主要出在路基上铺设无砟轨道的路段。

与普通铁路相比,高铁对路基防沉降变形的要求更高,在建设过程中,必须将水分控制在适量的程度。让缝隙填满,不会再膨胀,这样路基就不会随着天气变化出现冻胀循环。如果当地地下水位比较高,就必须做好地基封堵处理;如果是表面水,那路基的表面一定要包裹封闭好,修好边坡和排水沟等设施,将水从表面排走。出现的问题说明某高铁设计时,对线路情况研究得不够透彻,存在设计深度不够的问题。

根据原铁道部颁布的《高速铁路设计规范(试行)》(TB 10621—2009)等现行的高铁建设标准,高铁路基、桥梁、隧道工后沉降必须小于15mm,路基与桥梁、路基与隧道等结构物间的工后差异小于5mm,折角小于千分之一。某高铁部分路段曾出现的沉降变形超过了这个标准,更为严重的是膨胀之后,有些地方会隆起,成为波浪形路基。

青藏高原的冻胀,更为严重。在建设青藏铁路时,我们就遇到过冻胀问题,并做过相关试验。中国现有的技术储备,完全能解决高铁的冻胀问题。实在不行,以桥代路,也可以避免出现这类问题。

“滨绥线成高子车站 CRTS-1 板式无砟轨道试验”是原铁道部 2008 年的科研项目,科研人员在齐齐哈尔市富拉尔基区的工厂里,先做小规模试验。然后,又选择在滨绥线这条繁忙线路上进行试验。试验段全长 563.2mm。是中国首次,也是世界首次在位于北纬 45°以上严寒地区(最低温度可达 -40°C 地区)试验铺设无砟铁路。该试验对防冻涨下了大工夫,取得了成果。要深化和细化防冻胀和防开裂措施。按照成高子试验段的工艺,采取对地基进行封堵处理、对路基表面包裹封闭等措施,路基建设的成本会增加 15% 左右。其实,在没有把握的地区,高铁建设应该更多考虑以桥代路,来避免出现冻胀的问题,当然这样做成本会更高。铁路建设百年大计,要合理投入,科学合理地节约成本,不该节省的钱绝对不能节省。

施工人员对某高铁存在冻胀问题的部分路基,采取了路基注浆和表面封闭的方式进行救治。路基注浆,就是在路基上钻孔,然后向路基注入水泥灰浆,提高路基的密实度,然后用沥青作为防水层,对路基表面进行封闭处理。但针对路基的地基,已经无法进行必要的封堵处理。好在沿线各地,地下水位并不高。对这些路段进行治理,当然需要投入成本。成本增加估计也在 15% 左右,也就是当初想节省下来的钱,现在又必须花出去。

另外,修建秦沈客专的时候也遇到过冻胀问题,当时就采用表面防护办法,用碎石和砂土不断在上面碾压达到一定的密实度。

## 9.6 “软土路基下隔上封措施”的力学要求及其相关工程实践

### 9.6.1 研究背景

随着我国公路建设的不断加速,桥头台背路基沉陷问题(俗称“桥头跳车”问题)的危害性也日益严重。所谓桥头跳车是指在桥台构筑物与引道路堤填土衔接处产生较大的差异沉降,使得路面纵坡呈台阶显著变化,导致高速行驶的车辆在这一区段产生颠簸跳跃现象。

研究桥头跳车问题,必须从两方面入手:一方面,必须研究软土的力学特性,只有充分了解软土的受力变形特点,掌握软土的本构关系,才能揭示软土地基沉降的力学机理。另一方面,必须分析软基的受力形式。软基通常受到自身重力和路基重力等静荷载以及行车动荷载的共同作用。由于路基属于松散体结构,增加了软基受力的复杂性,进一步使软土的变形呈现局部变形和整体沉降相结合的特点,因此,需要对软土受力形式进行分析及改善。

软土的力学特性主要考虑软土的固结和软土的流变。

软土是一种三相体系介质,由土颗粒作为基本骨架,水和气体填充其中。由于三相介质之间的相互作用,应力应变关系非常复杂,并不是简单的函数关系。变形不仅取决于加载时刻的作用力,而且和加载以前的历史有关。软土固结指外力作用后土体骨架中超孔隙水压力消散的过程。软土流变是指土颗粒骨架的变化引起的变形随时间增长的现象。软土的流变会影响孔隙水压力的消散,从而影响软土的固结特性。反过来,软土的固结会改变软土的材料特性,从而影响软土的流变特性。两者分别从各自独立的角度反映软土的客观规律,又相互耦合影响软土的整体变形。两者通过变形机理联系到一起。土体的变形时效性由固结特性和流变特性共同决定。当应力水平低时,以固结变形为主,反之,土体的变形主要来源于流变特性。

(1)现有的设计与施工规范

软土的受力可分为偏应力和静水压力两部分,而静水压力又可以进一步分为骨架静水压力和超孔隙水压力。在沉降前期,静水压力主要由超孔隙水压力承担,随着超孔隙水压力的逐渐消散,软土骨架承担的静水压力逐渐增大。在沉降后期，软土固结完成，此时静水压力主要由软土骨架承担。在整个过程中，由偏应力引起的软土流变始终存在，并且影响着超孔隙水压力的消散。因此，在沉降前期，软土的变形主要由软土固结和软土流变共同作用引起，并且两者相互耦合。在沉降后期，软土的固结已经完成，软基会在流变作用下发生进一步沉降。这就是为什么现有根据 Terzaghi 固结理论计算得到的沉降值通常比实际沉降值要小得多的原因。

现有的规范主要通过主固结沉降和沉降系数来确定总沉降量。由于沉降前期，变形主要由固结引起，因此，沉降计算值都比较准确。但随着时间的增加，流变特性的影响越来越大，计算值就会与实际值呈现很大的差异，并且差异值将持续增大。特别是对于浙江地区软土，具有高含水率、大孔隙比、灵敏度高、强度低、渗透系数低、结构性强和明显的流变性等特点，在负荷作用下会产生很大的沉降；对于这种力学性质比较差的软土，流变作用在总沉降中所占的比例也会比较大。因此，在对软土路基路堤做沉降计算时，不仅要考虑软土的固结特性，同时也需要考虑软土的流变特性。如果忽略了软土的流变特性，计算结果必将与实际情况不符。

(2)软土的流变特性

在应力作用下，软土颗粒会重新排列，骨架体会形成错动，导致土体的变形，由于颗粒表面所吸附的水(气)的黏滞性，这种骨架错动具有时间相关性，因而所产生的土体变形也具有时间相关性。另一方面，土体变形受到边界的约束，这种约束有抵消变形的趋势，因而土体内部应力必须作出调整，也和时间相关。这种土体变形和应力与时间相关的现象称为土的流变现象。

在工程实践中，土的流变现象主要包括以下几点：

①蠕变，即恒定应力作用下变形随时间增长的现象。

②松弛，即恒定变形情况下应力随时间衰减的现象。

③流动，即给定时间的变形速率随应力变化的现象。

④长期强度随受荷历时变化的现象。

在试验室中，软土的流变特性主要通过蠕变和松弛试验来研究。

孙钧院士对上海软土在正应力和剪切应力作用下的蠕变特性做了系统的研究，分别如图 9.16a)和图 9.16b)所示。

整体蠕变规律如图 9.17 所示。

阶段Ⅰ：衰减蠕变 $\varepsilon_{\mathrm{I}}$——蠕变速率由于材料硬化而随时间逐渐减缓；阶段Ⅱ：定常蠕变 $\varepsilon_{\mathrm{II}}$——蠕变速率近似保持常值不变；阶段Ⅲ：加速蠕变 $\varepsilon_{\mathrm{III}}$——此时蠕变速率随时间急剧增大，并最终导致材料破坏。但是，并非任何材料在任何应力水平都存在蠕变三个阶段。不同应力水平，蠕变曲线将呈现不同的形态，当应力幅值低于阈值（$\sigma \leqslant \sigma_1$）时，蠕变变形将不致发展。流变速率与作用荷载间具有很大的相关性。

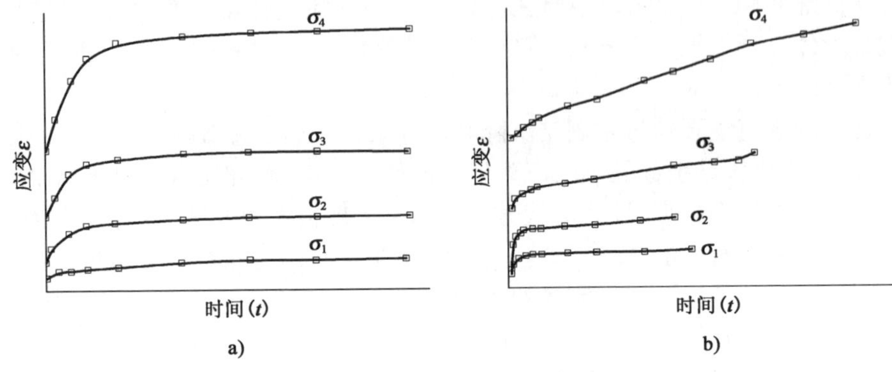


图 9.16　两种不同淤泥软土的蠕变试验结果

a）正应力；b）剪切应力

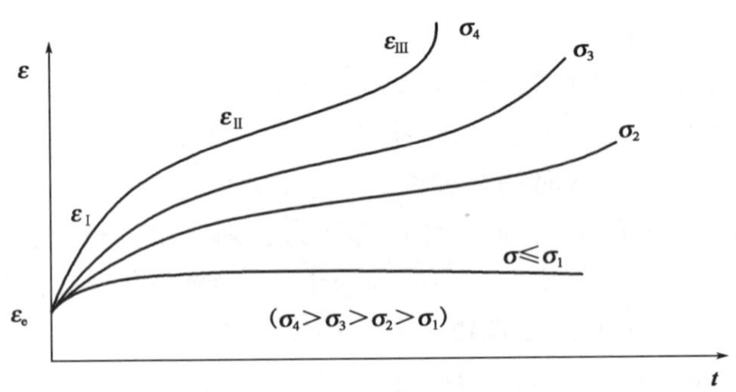


图 9.17　软土的流变特性

现有的研究表明，土体渗透性越差，流变变形越大。软土的流变性对应力和应变的影响程度取决于土体的排水条件，当地体排水不良时，应力水平随时间增高，流变影响就会增加。此时，变形计算中若不考虑流变特性可能忽略地基潜在的失稳趋势。

因此，考虑软土的流变特性不仅是对计算结果的修正，而且是对工程安全性的重新评价。

综上所述，软土地基的处理，不仅需要考虑固结特性，同时也需要考虑软土的流变特性。

为了综合考虑软土的流变特性,需要做好以下几点:

①根据汽车流量等动载荷和路基自重静荷载来计算软土地基的应力水平,根据应力水平来判断是否需要在计算中考虑流变。如果应力水平高于流变阈值,就必须在计算中考虑软土地基的流变特性对结果进行修正,例如,路基比较高或者车流量很大的情况;反之,软土地基流变特性的作用相对较小。

②根据当地软土的特点来进行流变模型识别。例如,剑桥模型(Cambridge model)虽然可以很好地描述伦敦黏土(London clay)的流变特性,但是对于江浙地区黏土,由于软土成因、矿物成分、含水率等都不尽相同,因此,并不一定适用。所以要根据当地的地质特点,因地制宜地选取合理的软土流变模型。

③通过反演方式进行参数识别,再通过正演的方式将该模型进行工程应用。就像在隧道开挖过程中,可以通过对辅洞的软土进行分析,确定软土流变模型的等效参数;然后再通过正演的方式将该模型应用到正洞的开挖中。

### 9.6.2 直观判断与定性分析

在自然界中,单个水草并不能垂直浮在水面上[图9.18a)]。因而,通过自然演化,水草底部往往错综盘结,形成一个平面结构,稳定整个水草群,保证水草群的整体均匀受力[图9.18b)]。

a)

b)

图9.18 水草及水草群受力分析

类似的理念常被应用于土木工程中,江苏软土路基“下隔上封”措施(手摆片石上铺混凝土、细粒土掺石灰等黏结剂)和高铁路基“下隔上封”措施(底部细粒土掺水泥或注水泥浆、上部细粒土加铺沥青)使得路基结构形成整体受力与共同变形,能满足合理结构的力学要求:“结构整体共同受力与变形协调以及防止出现薄弱部位或环节”,实际上路基结构受力与变形状态力学分析中隐含路基底部不变形或刚体位移假定，软土路基“下隔上封”措施也符合路基底部不变形或刚体位移假定。

在反映合理结构的力学要求方面，类似的其他工程实践如下：

①十八军进藏修路时在川藏公路沼泽地路基底部设木排，保障路基整体受力与共同变形。

②浙江黄岩软土路基底部采用小木桩 + 深层搭板等措施，保障路基整体受力与共同变形。

③浙江温州、台州、嘉兴等地已通车公路软土路基采用灌注水泥浆固结路基和杭宁高速湖州出口连接线路基采用固结治理等措施，保障路基整体受力与共同变形。

④云南宜良等地，在已通车公路水泥路面采用稳定混凝土板底局部路基和沥青灌注缝隙等措施，有效解决了混凝土板容易开裂问题。

上述工程措施均较好解决了“桥头跳车、路基不均匀沉降以及引起路面开裂”等问题，实践说明符合合理结构力学要求“结构整体共同受力与变形协调以及防止出现薄弱部位或环节”的重要性。

对于软土层厚度大、土质差的软土地基而言，为了有效推广软土路基“下隔上封”措施（图9.19）与类似的其他工程措施以及开发新措施新工艺，这里重新认识和总结几个典型思维的差异，下列典型思维中的因素虽然有些影响，但不起决定作用，关键是结构整体受力与共同变形的力学要求。供大家在实际设计与施工中参考。

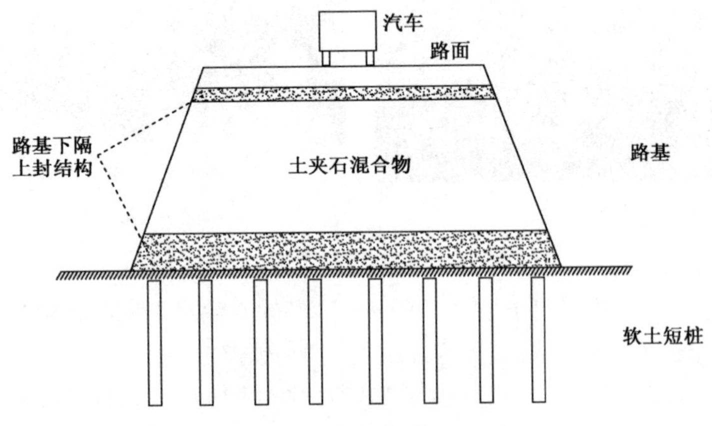


图9.19　软土路基力学要求及计算示意图

总之，软土地基上路基密实散粒体变形不可准确控制，虽然路基整体稳定但是局部可变形，那么这种路基设计的常规力学计算就会出现偏差，应该引起重视。

对于目前的“桥头跳车”问题：首先，需要降低软土地基的受力水平，把软土地基受力水平控制在流变阈值以内，例如，在规范允许的范围内降低路基高度来减轻路基自重；采用 EPS 或者泡沫混凝土换填等方法；其次，由于软土地基的流变受到受力水平的显著影响，包括均布载荷引起的地基整体流变和局部载荷引起的局部流变。因为局部应力往往大于整体均布荷载，因此需要采用合理的措施对宕渣（土石混合体）路基整体变形进行控制，防止局部应力引起的软土地基流变。

最后，可以对软土做适度的处理，提高软土地基的流变阈值。可以从两个方面入手：

①可以通过排水或者注浆等方法，直接改变软土的力学特性，这样可以直接提高软土的流变阈值。

②可以通过桩基础等措施，改变软土地基结构，这样如果把桩基和软土地基一起看成一个等效体，从宏观上说，改变了整个等效体的内部结构，也就是改变了整个等效地基的流变特性，提高了地基的流变阈值。

综上所述，建议在软土路基设计与施工以及管理工作中做好以下三项工作：

①根据荷载等级不同，因地制宜开发符合力学要求的路基下隔有效措施，确保路基受力与变形状态不受软土地基流变性影响，有利于路基沉降均匀稳定和路面受力合理。

②路基做好上封层和排水结构，有利于路基不受水分影响并且黏结密实。

③对软基做适度的处理，改善软基的固结和流变特性。

因此，软土路基“下隔上封”措施与类似的其他工程措施对解决“桥头跳车、路基不均匀沉降以及引起路面开裂”等问题很重要；从初步实践经验中得到如下启示：凡是符合合理结构力学要求“结构整体共同受力与变形协调以及防止出现薄弱部位或环节”的软土路基处理措施都是解决“桥头跳车、路基不均匀沉降以及引起路面开裂”等问题的有效措施。即类似桥梁桩基承台既能控制上部结构整体受力与共同变形，又能约束桩基整体共同协调工作，对于软土路基结构构造体系来说，变形协调与力合理传递对于结构体系的合理性很重要。对于复杂结构或复杂环境而言，补充容易理解与掌握的力学概念（变形协调、力的合理转移路径、目标控制与过程控制等），运用这些力学概念，对工程结构受力特性进行直观判断，可以增加验证复杂分析中忽视因素或习惯不足，减少失误防止突变。在实际工程结构体系的设计与施工以及管理过程中,方便把握其受力特性,使得实际工程结构体系始终处于稳定平衡与变形协调状态,保障工程的安全可靠。因此,研究揭示复杂环境或复杂工程结构多因素相互耦合的深层次工程力学问题,认知和解决规范尚未涵盖特殊的工程力学问题,才能真正做好复杂工程结构设计施工管理,确保工程结构质量和安全。

### 9.6.3 软土路基受力与变形状态定性分析

(1)软土路基受力情况定性分析

由于软土具有流变特征,主要是形状畸变,在外力作用下的平衡状态不稳定,那么与其相关工程结构受力与变形状态不仅与结构本身和外荷载有关,而且与地层变形以及接触面的工作条件有关。另一方面,由于路基属于松散体结构,在传力过程中,结构容易发生变化进而影响传力路径,导致软土地基受力的不均匀。因此,已有传统软土路基桥头跳车处理研究成果可以改善桥头跳车效果,应该根据土力学原理,特别是软土固结、软土流变以及两者耦合作用,改进已有传统软土路基桥头跳车处理方法,才能达到根治桥头跳车的目的。需要在考虑软土地基固结流变特性的基础上,对软土地基的受力方式做出合理的改善。

图9.20为秘鲁喀喀湖湿地乌罗人居住的芦苇人工浮岛,其中芦苇房结构受力与变形状态受到芦苇房底板刚度控制,如果底板刚度足够大,则芦苇房结构受力与变形状态与软土的流变和形状畸变特征相关性就很小,可以按传统力学计算分析,类似3~5层房屋建筑采用保护地表硬壳层和筏片基础,避免软土地基局部不均匀沉降,控制房屋建筑整体沉降,这样房屋建筑结构受力与变形状态分析就可简化为一般工程力学问题。

a)

b)

c)

图9.20 秘鲁喀喀湖湿地乌罗人居住的芦苇人工浮岛

又如图9.21福建土楼以及和贵楼等结构构造力学特性分析,具有特征如下:

①积累经验教训,逐步完善历程。和贵楼建在方圆3 000m$^2$沼泽地上的土楼,初建第一层时,因负荷过重而下沉倒塌,后用直径20cm的松木200多根打桩、铺垫,类似木桩和木排相结合,才得以建起,历经200多年仍坚固稳定,保存完好。

a)

b)

图9.21 福建土楼以及和贵楼等结构构造示意图

②扩大基础墙体下大上小内倾成环类似钢筋混凝土稳定结构。土楼采用当地生土作为主要建筑材料,掺上细砂、石灰、竹片、木条等,经过反复揉、舂、压等夯筑建造而成,类似钢筋混凝土,墙的基础宽达3m,底层墙厚1.5m,向上依次缩小,顶层墙厚也不小于0.9m。它是以生土作为主要建筑材料,掺上细砂、石灰、竹片、木条等,经过反复揉、舂、压建造而成,主要分为圆楼、方楼及五风楼等合围楼群。

③历史悠久,具有坚固与防火抗震及冬暖夏凉等功能。福建土楼的历史最早可以追溯到宋元时期,建造外墙厚达1~2m的土楼,坚固的可以抵御野兽或盗贼攻击,亦有防火抗震及冬暖夏凉等功用。特别是和贵楼建在方圆3 000m$^2$沼泽地上,历经200多年,经过几次地震,仍坚固稳定。

(2)软土路基受力情况定量分析

传统的软土受力分析往往将宕渣当作连续统一体进行考虑。因此,汽车载荷将等效成约0.5m填土静载均布于软土之上。然而,实际的工程情况并非如此。下面通过具体的算例来定量分析在实际工况下,软土地基的受力情况。

根据孙钧院士课题组的研究,取典型淤泥质软土的强度为92.7kPa,如图9.22红线所示。

当路基高度为 2.0m 时候，路基将对软土地基产生 49.0kPa 的静荷载，如图 9.22蓝线所示。此时，路基产生的静荷载可以完整控制在软土强度以内，因为不会产生不可恢复永久变形。

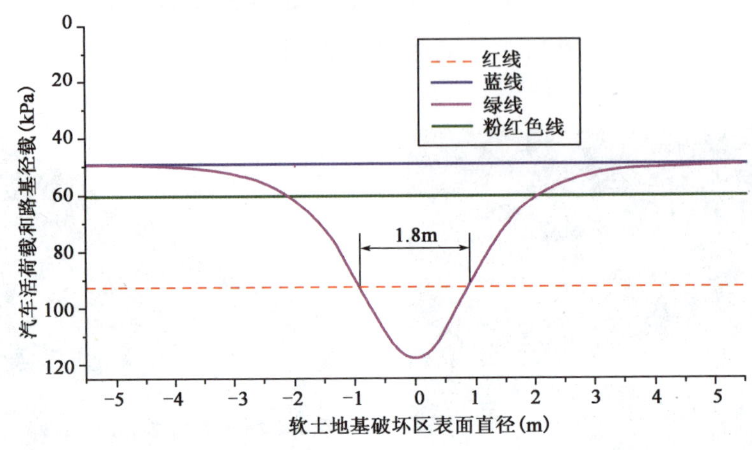


图 9.22　软土路基受力情况分析

根据《公路工程技术标准》(JTG B01—2003)，取典型汽车参数为车重 200kN(约 20t)，前轴重力 70kN，后轴重力 130kN，前轮着地宽度及长度 0.3m×0.2m，后轮着地宽度及长度 0.6m×0.2m。车辆外形尺寸取 7.0m×2.5m，路基密度为 2 500kg/m$^3$。

根据传统软土地基受力分析，假设汽车荷载在汽车范围内均匀分布，则汽车将产生大小为 11.4kPa 的作用力，相当于 0.47m 路基产生的压力，如现有规范 0.5m 基本吻合。此时，汽车产生附加荷载加上路基产生附加荷载总值为 60.4kPa，如图 9.22 中绿线所示。总荷载仍将保持在软土强度范围以内。因而，按传统分析将不会产生永久沉降。

然而，在实际工程中由于宕渣路基的松散特性，汽车将产生集中活荷载。根据鲍辛内斯克的集中力作用于半无限体受力分析，汽车在路基中的传力状态将符合

$$\sigma_z = \frac{3P}{2\pi} \frac{z^3}{(r^2 + z^2)^{2.5}}$$

将工程数据代入上式，得到软土地基实际的受力情况如图 9.22 中粉红色线所示。

根据受力情况可知,汽车活荷载对软土的垂直压力(即最大值)为69.2kPa。因而,汽车活荷载附加压力和路基附加压力之和最大值为118.2kPa(图9.22中粉红色线条顶点)超过软土强度92.7kPa,将产生不可恢复变形。根据计算,汽车活荷载和路基静载将在软土地基表面产生直径1.8m的破坏区。

根据以上计算可以了解,将汽车荷载等效成均布荷载,忽略汽车动荷载的集中作用,将对计算结果产生本质的影响。

"实际上路基结构受力与变形状态力学分析中隐含路基底部不变形或刚体位移假定,软土路基'下隔上封'措施也符合路基底部不变形或刚体位移假定",如图9.23搭板在路基顶部,容易产生脱空,并形成跷跷板,宕渣松散路基底部变形受软土的流变和形状畸变特征影响,会产生不均匀沉降,路基荷载分布附加力传力线也不同,一般河边软土较深,路基传力线倾向河边桥台,则路基可能产生持续不均匀沉降或增加桥台推力,这也是桥头跳车和桥台容易损坏的路基受力与变形状态分析;相反,如图9.24搭板在路基底部,宕渣松散路基底部变形不受软土的流变和形状畸变特征影响,路基荷载分布附加力传力线也一致偏离河边桥台,则路基沉降持续均匀过渡或减少桥台推力,这就是既解决桥头跳车问题,又解决桥台推坏问题的路基受力与变形状态分析。

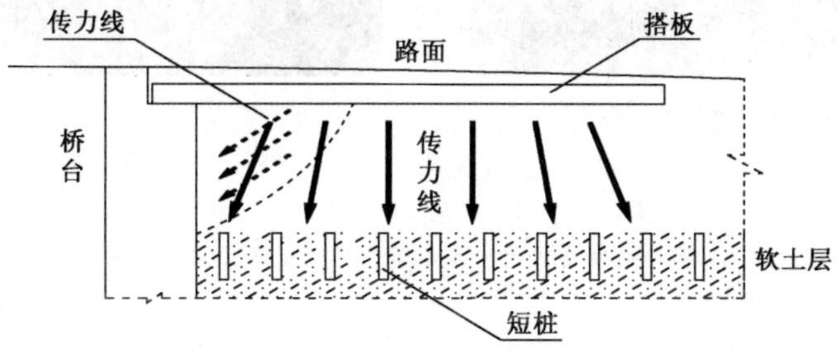


图9.23 软土地基浅层搭板处理后宕渣路基受力与变形状态
(搭板处理后力的传递路径)

对于已通车公路,要解决桥头跳车和桥台推坏问题,可参考如图9.24所示的搭板处理措施,在路基底部,宕渣松散路基受力与变形状态分析,只要在路基底部注浆即可,如图9.25所示;软土路基整体注浆处理后宕渣路基受力与变形状态如图9.26所示。

综上所述,只有深入研究软土的特性(包括固结、次固结流变特性等),才能解决软土地基处理方法的适用性问题;只有保证路基的整体性或降低路基质量("下隔上封"措施、EPS板、泡沫混凝土等),才能解决物理概念符合性问题和工程力学分析准确性问题；只有监控观测积累数据，才能不断修正改进创新软土路基处理方法。

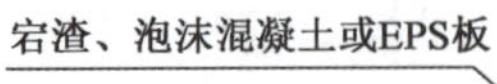


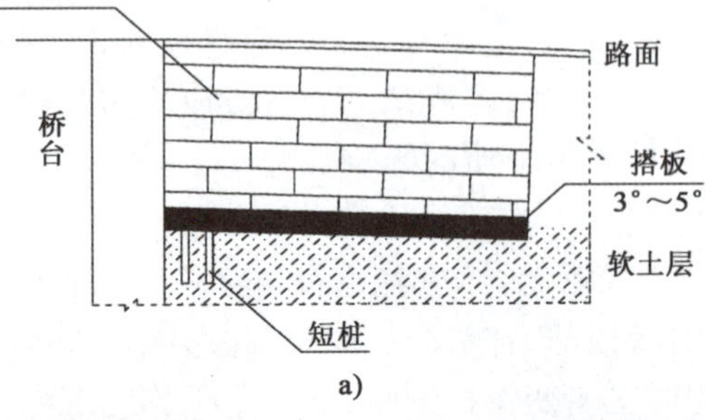


a)

深层混凝土搭板处治绑扎钢筋

EPS轻质块体

b)

图 9.24　软土地基深层搭板处理措施

a)软土地基深层搭板处理后宕渣路基受力与变形状态(搭板处理后力的传递路径)；b)深层搭板与EPS 轻质块体相结合的方式

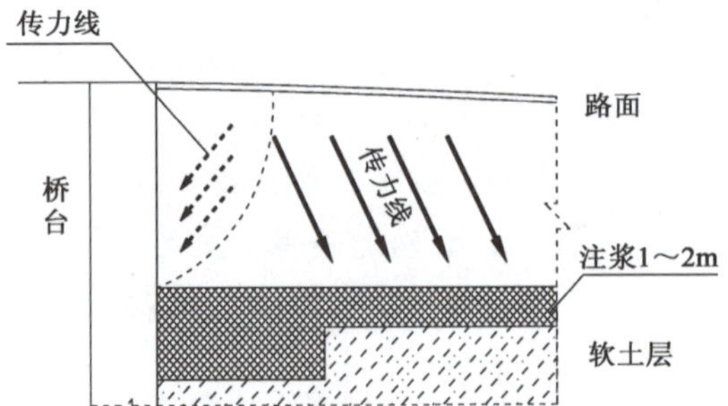


图 9.25　软土路基底部注浆处理后宕渣路基受力与变形状态
（路基底部注浆处理后力的传递路径）

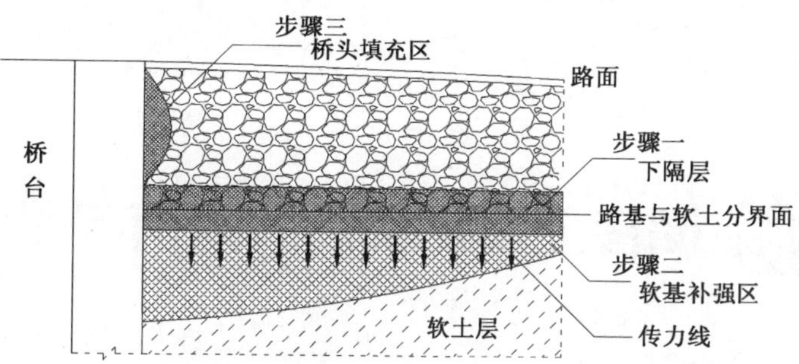


图 9.26　软土路基整体注浆处理后宕渣路基受力与变形状态

# 10 解决工程结构问题的哲学思考

潘家铮院士在《水利建设中的哲学思考》(中国水利水电科学研究院学报,2003 年 6 月第 1 卷第 1 期)一文中指出:水利工程师有很多学科要掌握,不可能花大量精力去研究哲学问题。但一个人的思想言行总是受自己的认识论和世界观支配。如果在这些方面上有偏差,尽管你有一颗好心,掌握了现代科技知识,但往往是事倍功半,甚至导致意想不到的后果。这样看来,水利工程师读点哲学书是颇有裨益的。但工程师们不一定要去读经典巨著,有时候一篇高水平的哲学论文还不如一句谚语起的作用大。文章将水利工程经验形象地概括总结为八个问题,进行了深入浅出的论述,包括:照镜子的哲学;坐飞机的哲学;服中药的哲学;握鸡蛋的哲学;吃砒霜的哲学;体检的哲学;管孩子的哲学;吃螃蟹的哲学。

受潘家铮院士论文的启发,结合我们的研究工作,笔者撰写了《隧道工程实践中的理论创新和哲学认识》和《工程问题的力学思考——复杂问题简单化》两篇小文,思考从哲学角度,重新梳理和认识工程结构中的力学问题。

## 10.1 隧道工程实践中的理论创新和哲学认识

(1)实践是理论创新的基础和源泉

马克思主义哲学认识论认为:实践是认识的基础,是创新的源泉。在实践的基础上不断总结经验,实现从量的积累到质的升华,是科学理论发展的普遍规律,也是理论创新的重要前提。

笔者自 1983 年开始从事桥梁隧道的研究、建设、管理工作至今已 30 年。在长期的工作过程中,笔者发现,隧道施工安全事故与隧道设计理论一直是困扰工程界和学术界的一对矛盾。1992 年年底,笔者博士毕业后选择到桥梁隧道众多的南昆铁路建设工地工作,参与了南昆铁路 100 多座隧道的建设,得以接触大量一线隧道设计、施工、管理人员,收集了大量隧道地质和施工状态变化的资料,积累了宝贵的设计、施工和管理经验。这些经历为笔者思考并提出平衡稳定理论完成了量的积累。

在随后工作实践中，笔者认识到新奥法（图 10.1）的适用性与设计、施工人员对隧道设计理论的理解和掌握程度有关。通过大量国内外隧道的地质环境、施工管理、建设设备和材料、人员组织形式的对比分析，发现"传统地下工程理论一般对应于平衡与破坏，平衡状态可能属于安全状态，也可能属于隐含风险状态。"

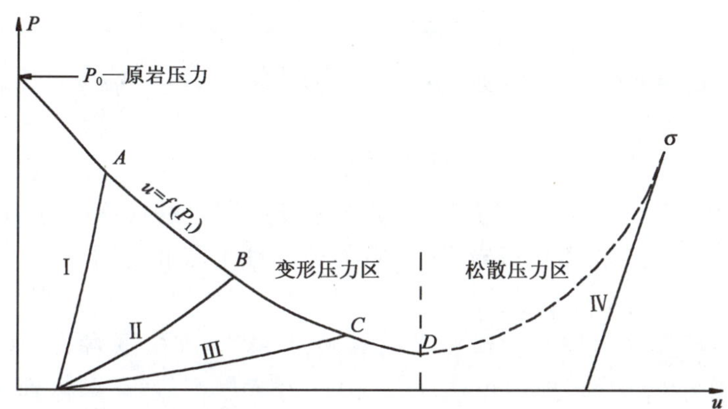


图 10.1　围岩位移支护特性曲线（解决特定地下工程建设问题过程中提出的一般理论，一般的对应于平衡与破坏，可能隐含风险）

Ⅰ-刚性支护；Ⅱ-一次锚喷支护；Ⅲ-初喷、二次锚喷支护；Ⅳ-模注支护

南昆铁路 100 多座隧道施工资料和大量隧道施工现场技术探讨为建立适用安全的隧道施工理论积累了丰富的素材。笔者于 1995 年开始分析整理这些资料，产生了一些初步想法，同时综合隧道、力学、地质、材料、机械等领域专家的建议，开始考虑根据实际需求，在继承传统理论的基础上进行提炼和升华，实现隧道设计施工理论的创新，为更好地解决实践中出现的新问题提供新的思路。

1996 年，在石长铁路汪家山隧道施工中，根据隧道穿越古河床状况，笔者提出了特殊地质围岩隧道强预支护原理与力的合理转移路径（图 10.2），即当隧道围岩采用强预支护而使围岩基本保持原始状态时，就能充分发挥围岩的自承能力。

$$P_1\cos\alpha_1 + P_2\cos\alpha_2 + T \geqslant W \tag{10.1}$$

式中：$P_1$、$P_2$——围岩自承力；

$W$——重力；

$T$——支护抗力（支护抗力 $T$ 尽可能小）。

图 10.2 特殊地质围岩隧道预支护原理与力合理转移路径(对应于稳定平衡与变形协调,消除风险隐患,属于安全状态)

$P_1$,$P_2$-围岩反力;$W$-重力;$T$-支护抗力

由式(10.1)可知:地下工程应该在“充分发挥围岩的自承能力”和“基本维持围岩的原始状态”的理念指导下,采用各种合理工法和合适支护以及过程控制(前两者为基础,后三者为手段),使得围岩与支护共同作用达到稳定平衡与变形协调,以确保受力安全。事实上只有满足“基本维持围岩的原始状态”条件,围岩自承力 $P_1$、$P_2$ 才能尽可能大,支护抗力 $T$ 尽可能小,即达到“充分发挥围岩的自承能力”。

1993 年,在南昆铁路小德江隧道和 1997 年在石长铁路陈家山隧道施工中,我们发现,山体微小错动使得已建好隧道衬砌开裂,这使我们认识到传统地下工程理论(岩承理论和松弛荷载理论)和工法(包括新奥法、矿山法等)只解决隧道围岩与支护共同作用平衡问题,而不能解决隧道围岩与支护及其所在环境的稳定性。因此,必须综合研究隧道区域山体稳定和隧道围岩与支护系统共同作用稳定问题,才能真正解决隧道结构稳定平衡与变形协调,实现隧道结构受力安全。

1993 年,在南昆铁路岔江隧道施工中涉及的工程地质环境异常复杂,围岩属于页岩含高岭土,容易膨胀导致已建好隧道衬砌开裂。这使我们认识到隧道施工既要目标管理更要过程控制,并且支护结构要足够强大。

南昆铁路小德江隧道和岔江隧道、石长铁路汪家山隧道和陈家山隧道的施工经验告诫我们:必须提升地下工程理论(岩承理论和松弛荷载理论)和工法(包括新奥法、矿山法等)水平,才能适应我国地下工程设计、施工和管理的需要。

1998 ~2008 年,笔者对梅岭隧道、黄土岭(右线)隧道、白鹤隧道等 100 多座隧道施工、变更设计、事故处理、管理等进行了深入研究。期间，笔者与尚岳全、孙红月、杨建辉等合作组成研究团队进行理论深化，同时得到曾庆元院士、吕志涛院士、王梦恕院士、孙钧院士、刘宝琛院士等大师们的悉心指导。在已有成果的基础上，又相继提出了隧道施工方案合理性判别原则、隧道受力独立性、隧道预支护原理与力的合理转移路径等综合理论。2008 年，我们与周智辉、赵宇、文颖、张迪、石文广、吕庆等合作，进一步扩大了研究规模，引入结构平衡稳定理论，并参与钱江通道和杭州地铁城湖区间段等盾构隧道建设，终于初步形成地下工程平衡稳定理论框架。最近 5 年来，我们增加对亚稳定平衡状态分类、三种平衡状态与牛顿平衡方程三个关系的相互影响等问题的研究，直至 2013 年基本形成地下工程平衡稳定理论体系（图 10.3）。应该说，这一理论体系是从实践中来的，在实践中完成了量的积累到质的飞跃，再到进一步的理论升华和创新发展，是笔者团队 30 年实践经验的总结。

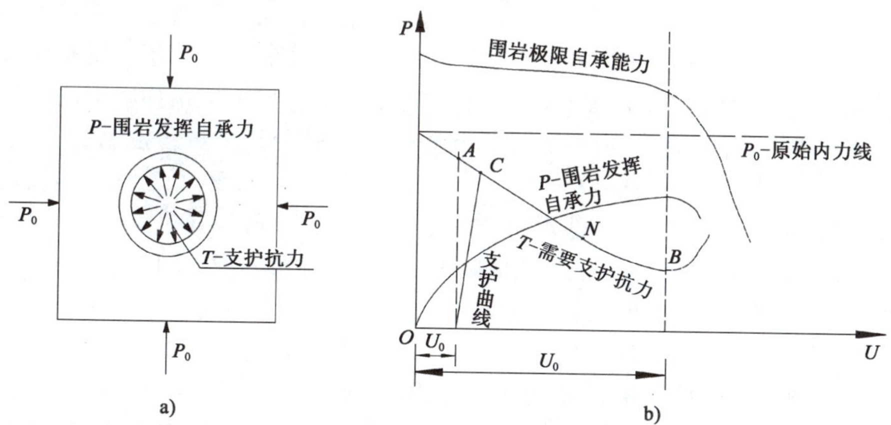


图 10.3　隧道平衡稳定理论的力—位移特征曲线图（以一般性力学模型研究问题提出的理论，对应于稳定平衡与变形协调，消除风险隐患，属于安全状态）

与传统的地下工程理论对应于平衡与破坏，平衡状态可能属于安全状态，也可能属于隐含风险状态，平衡稳定理论对应于稳定平衡与变形协调，消除了风险隐患，始终属于安全状态。

按照平衡稳定理论，保持地下工程平衡稳定的基本要求：

$$F = T + P \tag{10.2}$$

$$F > P_0 \tag{10.3}$$

式（10.3）普遍适用于解决地下工程平衡稳定问题，对应于稳定平衡与变形协调，满足该式的地下工程可以消除风险隐患、确保受力安全。地下工程平衡稳定理论的表现形式随着问题的具体形式而变化。式（10.3）表明：地下工程都要把握两个基本理念,即"充分发挥围岩的自承能力"和"基本维持围岩的原始状态"。而基于传统太沙基理论或普氏理论等设计方法的松弛荷载理论是建立在浅埋松散地层和深埋松散岩土体统计值的力学方法,简单情况的受力变形状态自然满足"变形协调",因而没有变形协调和过程控制概念,也没有体现"充分发挥围岩的自承能力"和"基本维持围岩的原始状态"基本理念,对于相对比较破碎的岩体或深埋地层,只有满足"基本维持围岩的原始状态"条件,才能达到"充分发挥围岩的自承能力";新奥法、新意法、挪威法、约束收敛法等岩承理论是建立在岩体基本完整的基础之上。由于奥地利、瑞士等欧洲地区岩石块体比较完整,力学性能比较好,可以体现"充分发挥围岩的自承能力"和"基本维持围岩的原始状态"理念,因此基于现代岩承理论的方法在欧洲适用性较好。我国东部处在亚欧大陆板块和太平洋板块的交界处,而西部处于欧亚板块和印度板块交界处的喜马拉雅造山带,地质环境复杂多变。受各种复杂地质作用的影响,我国分布有完整岩体、相对破碎岩体、也有浅埋松散地层,若完全照搬欧洲的理论和方法就会有偏差。需要在"充分发挥围岩的自承能力"和"基本维持围岩的原始状态",即"变形协调"理念基础上,建立适用多种岩土体结构特征的广义力学稳定平衡方程,重视合理开挖工法、支护结构措施及施工过程控制等研究,确保围岩与支护共同作用达到稳定平衡与变形协调,这也是地下工程结构设计和安全分析的基本要求。对于浅埋松散地层隧道或软土盾构隧道,可采用简化计算即荷载结构法思路(对应于松散荷载理论),产生的误差在支护结构强度允许范围之内;但施工工法和过程控制措施应采用地层结构法思路(对应于岩承理论),实现地层与支护共同作用,达到"稳定平衡与变形协调",消除风险隐患,确保受力安全。不管地面工程还是地下工程,只要与岩土体共同作用达到"稳定平衡与变形协调",研究工程结构"较优解"的基本条件可扩充为"充分发挥岩土体的自承能力"和"基本维持岩土体的原始状态"。

需要指出的是,我们对土木工程的研究希望得到问题的"较优解"甚至"最优解",而不只是"可用解"。传统设计方法得到的一般是"可用解",也可能是"较优解",因而,需要在总结以往经验的基础上,综合考虑工程结构"变形协调"和"能量合理转换"的设计基本要求得到问题的"较优解"。下面几个问题是我们在实践中的一些零星思考,还很肤浅,写出来供大家参考,欠妥之处请予指正。

(2)工程结构分析理论体系四个层次的统一性问题

工程结构分析理论体系包括四个层次:

①基本力学规律(平衡稳定、充分发挥围岩的自承能力等)。

②容易理解与掌握的力学概念(基本维持围岩的原始状态、变形协调、力的

合理转移路径、目标控制与过程控制等)，运用这些力学概念，对工程结构受力特性进行直观判断，可以验证复杂分析中容易忽视的因素或由于思维惯性带来的不足，减少设计或施工失误、防止灾变发生。掌握了这些力学概念，可在设计、施工及管理过程中方便把握实际工程结构的受力特性，使其始终处于稳定平衡与变形协调状态，确保工程结构安全有效。

③基本设计施工工法与工艺，这是实现上述规律和概念的手段和保障。

④实际工程状况与结构体系设计施工方案(基础状况、荷载状况、环境影响、合理结构与构造体系、施工工法等)，这是操作层面的具体措施。

上述四个层次，在实践中是统一的。说明工程结构分析理论体系都是在逐级完善的过程中实现统一，避免了“高屋建瓴而不见瓴”现象，体现了战略普遍适用性。

(3)工程设计施工理论战略普遍性与战术适用性问题

从宏观上看，各种地下工程理论，包括矿山法、新奥法、浅埋暗挖法、挪威法、新意法等，其力学本质差别不大，这些方法具有战略意义上的指导作用和普遍性。实现这些战略意图需要上述第③层次中的合理施工工法作保证，同时需要第④层次中的具体措施针对实际工程状况开展设计和施工。而在表现形式上，各种理论差别较大，应该具体问题具体分析。因此，各种方法具有战术意义上的适用性。

以隧道工程为例，通过近两个世纪的探索，形成了各种设计理论和工法，如：新奥法、浅埋暗挖法、矿山法、地下工程平衡稳定理论等，这些设计理论和工法在隧道建设实践中发挥了十分重要的作用。实际上，能够适用任何隧道建设的理论和工法是不存在的，当某种设计理论和工法不适用某些隧道的具体实践时，就说明该理论和工法存在缺陷、有待改进。

正确的理论不但能够解释隧道的力学行为，而且能推动工程建设的步伐。但每个理论和工法都受限于其出现的时机和历史条件，在遵循基本力学规律的前提下，应做到具体问题具体分析，实现工程设计施工理论战略普遍性与战术适用性的统一。

(4)理论的大众化便于过程控制与目标控制相结合

坚持第①层次基本力学规律或本质(如平衡稳定、充分发挥围岩的自承能力等)，使工程设计和施工实践不会偏离正确的方向，是目标管理的范畴。而剖析各种规律的表现形式，提炼容易理解与掌握的力学概念(如基本维持围岩的原始状态、变形协调、力的合理转移路径、目标控制与过程控制等)，运用这些力学概念，对工程结构受力特性进行直观判断，可减少工程失误、防止灾变发生，是过程控制与管理的范畴。这些大众化的概念，便于设计、施工人员在实际工程结构体系的设计、施工及管理中把握。因此，将深奥的理论用大众化的基本概念表述，利于普及和掌握。通过理论的大众化阐述，将工程过程控制与目标控制相结合，可将问题解决在萌芽中，而避免问题出现在施工、运营等应用过程后再采取补救措施，使实际工程结构体系始终处于稳定平衡与变形协调状态。

## 10.2 工程问题的力学思考——复杂问题简单化

现代工程问题越来越复杂，必须从工程概念出发，抓住问题的主要矛盾，建立反映整体受力状态的模型，再用现代数学、力学工具详细分析具体工况条件下的工程力学行为，将复杂问题简单化，保证分析结果既能满足工程精度要求，又能反映工程系统的力学规律。

(1)复杂问题简单化是工程问题力学分析的重要方法。实践中，应区分主次矛盾，抓住问题的主要矛盾，避免"只见树木，不见森林"。一个经典的例子是材料力学中的梁理论。材料力学是研究杆、梁、柱等材料构件受力状态的理论，是在固体力学的基础上通过合理的近似假设，将问题简化而发展起来的，对于多数工程问题已有很好精度。例如伯努利梁理论通过引入平截面假定，大大简化了梁的力学计算问题，既避开了复杂的数学公式，又能得到符合工程要求的近似解，实现了复杂问题简单化的目的。

(2)实现复杂问题简单化，应做到整体控制与细节把握的统一。从辩证法的角度看，虽然主要矛盾居支配地位，对问题的解决起主导和决定作用，次要矛盾处于从属的地位，起次要作用；但二者之间既有区别又有联系，具有相互依存，互为存在的关系。矛盾的主要方面决定着次要矛盾的解决，若次要矛盾不能很好处理，也将影响主要矛盾的解决。例如，在坡积体中修建隧道，必须首先保证边坡整体稳定，这是问题的主要矛盾，否则，"皮之不存，毛将焉附"；隧道围岩的稳定是次要矛盾，但开挖过程的施工控制反过来会影响边坡的稳定。

事实上，采用传统力学知识，如理论力学、材料力学、结构力学等分析工程结构受力(内力)变形状态，可以抓住工程问题的主要矛盾；而现代力学，如连续介质力学是由质点应力应变状态通过连续积分求解结构受力(内力)变形状态，隐含假设介质质点充满空间，并从质点或者微分段的应力应变状态到整体系统的受力(内力)变形状态的积分切实可行，这种计算结果是平衡的。如果同时考虑合理结构的"变形协调"和"能量合理转换"假定，采用现代力学，如连续介质力学求解结构受力(内力)变形状态，就能始终处于稳定平衡状态；这也是在合理结构复杂问题简单化过程中,利用传统力学和现代力学相结合研究工程问题时,引入了系统“变形协调”和“能量合理转换”的目的。

(3)复杂问题简单化是有条件的,保持系统稳定平衡是关键。大量实践证明,“变形协调”和“能量合理转换”是构建合理结构体系和工程结构分析的基本要求。例如,古代建筑物大多以木材或砖石材料建造,虽然这类材料强度低,构件之间接缝多,但古代工匠能因地制宜地选择地质条件好、受力合理的结构形式,造就了一批亘古不朽的优良建筑,如距今1 400多年的赵州桥即是此类经典。这些古建筑,在朴素的力学思想指导下,满足“变形协调”和“能量合理转换”等条件,是其至今存世的重要原因。反观现代建筑物大多以钢材、钢筋混凝土材料建造,这类材料强度高,各种连接构造多。但各类工程事故仍时有发生,忽略了系统稳定平衡,不满足“变形协调”等基本要求是重要原因。以静态或动态连续介质力学等为代表的现代设计力学理论,研究其结构受力(内力)变形状态,只有在结构满足“变形协调”和“能量合理转换”等条件下,才能满足建筑物建造或使用过程中符合结构初始设计受力(内力)变形要求,也就是满足力的合理传递或转移路径。不管地面工程还是地下工程,只要与岩土体共同作用达到“稳定平衡与变形协调”,研究工程结构“较优解”的基本条件可扩充为“充分发挥岩土体的自承能力”和“基本维持岩土体的原始状态”。犹如抱婴幼儿,抱法不同,婴幼儿受力与变形状态就不同,云南或贵州等地大人用背袋搂住婴幼儿屁股、腰、脖子等受压或受弯部位,则婴幼儿受力与变形状态整体上处于类似于大人受力与变形的简单状态,而与大人运动状态或大人和婴幼儿的共同发生的整体位移等无关。可见,既要研究婴幼儿受力与变形的自然复杂状态,又要研究婴幼儿的简单合理抱法,使得婴幼儿受力与变形的自然复杂状态转换为类似大人受力与变形的简单状态,在辅助背袋等工具的帮助下,专业人员、一般人员都能抱婴幼儿,并使婴幼儿受力与变形始终处于正常状态,才是简单合理做法。

川藏公路滑坡木棚架改造治理可提供一个工程稳定平衡的直观实例。20世纪50年代,川藏公路西藏段滑坡整治时采用了木棚架加固,时过50年,木棚架已局部腐烂,并发生了一定程度的挤压变形(图10.4),滑坡处于临界平衡状态,是一种不稳定平衡。对这些滑坡路段的改造治理,存在“先拆除木棚架再打抗滑桩”和“先打抗滑桩再拆除木棚架”两种施工顺序,采用何种方案存在不同意见。应用稳定平衡思想,拆除木棚将解除木棚对边坡的支撑力,对边坡是一种扰动。当边坡处于不稳定平衡状态时,这种扰动会导致边坡失稳,形成滑坡事故。因此,尽管先拆除木棚架可方便机械施工,仍不应采用“先拆除木棚架再打抗滑桩”的方案。采用“先打抗滑桩再拆除木棚架”基本能使滑坡体处于原始临界平衡状态，把握性大且所需支撑力小，仅机械施工不方便而已。

图 10.4 川藏公路西藏段滑坡木棚架治理原状图

图 10.5 就是采用“先打抗滑桩再拆除木棚架”的施工顺序，取得了很好的工程治理效果。但如果采用“先拆除木棚架再打抗滑桩”的方案，势必造成上边坡的变形破坏，导致岩土体的力学性质恶化，既威胁坡脚抗滑桩的安全施工，又要增大抗滑桩，以抵抗边坡岩土体性质恶化所引起的坡体抗滑力减少带来的风险。这个例子集中体现了平衡稳定理论提出的“基本维持岩土体的原始状态”、“变形协调”、“强预支护”、“能量合理转换”的指导思想，仅通过施工顺序的调整，就产生了“四两拨千斤”的效果。

图 10.5 川藏公路西藏段原木棚架支挡的滑坡治理图

(4)典型案例分析。结合几个工程实例阐述复杂问题简单化分析理念的应用，抛砖引玉，供读者参考。

①地下开挖如何保护地表建筑。传统的土力学变形计算一般将土体视为弹性体，而稳定性计算将土体视为刚塑性体。事实上，岩土体并非理想的弹塑性体，其力学效应也不是静态的，而是和时间、过程相关的。因此，在岩土工程分析

中，用简化的力学模型去描述复杂的工程问题，将工程问题转化为力学、数学问题求解，关键首先要保证模型抽象在工程概念和力学原理上是正确的。

一个很典型的例子，如图10.6所示，地下开挖如何保护地表建筑物（群）。由于长形建筑物（群）特殊的工程尺寸，很难保证建筑物（群）在开挖方向的协调变形。在开挖工程中，由于地面的不均匀变形容易引起建筑物的损坏甚至倒塌，并且由于建筑物地下岩土层在开挖方向工程尺度大，利用传统的弹塑性模型分析会产生较大的误差，即采用稳态的力学模型去模拟非稳态的岩土体的时候会产生误差。

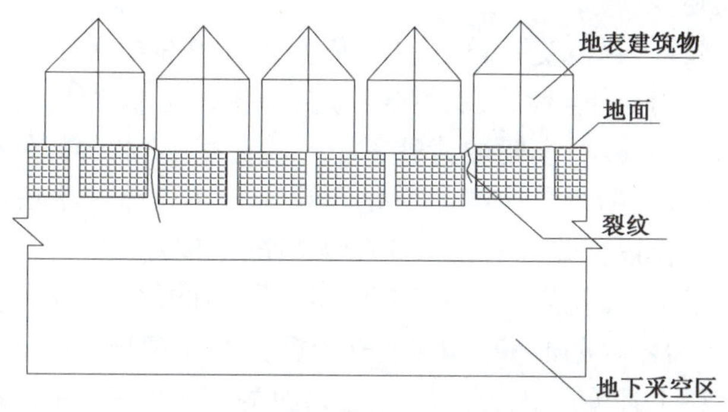


图10.6 地下开挖如何保护地表建筑物示意图

为了将该问题简化，同时减小力学模型简化产生的误差，通过“化整为零”的方法，减小各个计算单元的分析误差，进而减小整体误差，达到控制地表建筑物协调变形的目的。具体的做法如下（图10.6）：

a. 增加变形缝把长形建筑物分段，每段长度控制在20mm以内，或者把复杂建筑物分成几个部分，每部分长度同样控制在20mm以内。

b. 采用增加钢锚固拉杆、钢筋轻拉杆、钢筋轻圈梁或锚固板等措施，增加各个分段的刚度，以抵抗约束力。

通过以上措施，利用变形缝控制地表建筑的协调变形，能够有效释放因地下开挖产生的次生应力，增加了系统对不均匀沉降的调整能力；分段加固的方案，可以增加各分段的刚度，抵抗建筑物的约束力；而在各个分段内，仍可利用传统力学方法进行分析，实现了复杂问题简单化的目的。

②软土路基“下隔上封”措施。另一个典型案例是软土路基的“下隔上封”措施。关于路基“下隔上封”的具体设计理念，不做详细介绍，这里主要从复杂问题简单化分析思维的角度对其措施进行介绍。在软土研究中，固结和次固结的现有方法并不完善。软土是一种三相体系介质，由土颗粒作为基本骨架，水和

气体填充其中。由于三相介质之间的相互作用,应力应变关系非常复杂。变形取决于加载时的应力状态,而且和加载历史有关。

从变形上看,软土在荷载作用下具有固结特性和流变特性。固结是超孔隙水压力消散的过程,流变是土体颗粒骨架变形过程,两者相互耦合产生软基的沉降。在沉降前期,软土的变形主要由固结和次固结流变共同作用引起,以固结为主,流变为辅。在沉降后期,软基会在固结和次固结流变作用下发生进一步沉降,但主要以流变为主,固结为辅。因而,采用现有主固结沉降乘以系数来计算总沉降的方法是不合理的。忽略固结和流变任何一种特性及其耦合效应都将造成计算结果不准确。

从受力分析,软土路基受到自重和路基重力等静荷载和车辆动荷载共同作用。自重和路基重力属于半无限线荷载,即在桥头方向具有受力边界,而在行车方向无限延伸的均匀荷载;车辆的荷载属于点动荷载,荷载的幅值根据行车质量而变化,加载点的位置随行车速度而变化。动荷载在总荷载中所占的比例随车重和路基高度的变化而变化,因此,整个受力情况比较复杂。

从传力介质考虑,路基属于土石混合体结构。在受力过程中会发生结构的变化,同时产生传力路径的改变。因此,软土受力并非理想中的连续均匀受力。

要想综合考虑上述变形、受力、传力三方面的复杂因素,并且从力学上彻底解决路基的沉降问题,是非常困难的。此外,即使考虑了软土的固结和次固结流变特性,现有的力学分析方法往往通过提出黏弹塑性模型的方式进行等效模拟,此类等效模型一般通过弹簧、黏壶和滑块的组合来实现。在这个过程中,已经隐含假设了软土地基处于平衡稳定状态,与实际情况不完全符合。同时,对于单纯软土介质属于连续介质,“变形协调”自然满足,所以利用简单的弹簧、黏壶、滑块的组合模型产生的误差在工程允许范围内。此类模型广泛地应用在机场地基处理等方面,并取得了成功。但是对于桥头软土地基而言,由于加入了长短桩基础或者注浆等措施用来增加强度,整个软土地基并非完整连续统一体,此时再简单地利用弹簧和黏壶组合黏弹塑性模型来进行力学分析而不考虑“变形协调”,往往会产生很大的误差。

为了应用复杂问题简单化的原理系统地解决上述问题,可以先采用黏弹塑性模型来分析软土地基的固结和流变特性;然后在此基础上,按照“变形协调”和“能量合理转换”的原则加入附加支撑(如长短桩、浮力管、注浆等),考虑软土地基的整体受力变形状态。这样解决问题的主要矛盾就转化为如何利用模型来考虑软土的固结和流变特性。矛盾的两个主要方面包括:

a. 宕渣路基属于混合体,导致了软土受力方式的复杂性。

b. 软土的力学行为比较复杂，具有流变和固结特性，且两者相互耦合，同时软土属于不稳定介质。

针对以上两个主要矛盾：首先，可以通过“下隔上封”措施进行设计。上封措施主要控制降雨对路基的冲刷和侵蚀。下隔措施既可以防止毛细水的入侵，同时主要的作用可以控制路基的整体变形，防止局部应力过大，提高混合体路基整体变形协调能力，这样可以有效地降低软土的流变作用的影响。其次，对软土进行适当加固处理，提高软土的流变阀值，将应力控制在流变阀值以内。

对于软土层厚度大、土质差的软土地基而言，为了有效推广软土路基“下隔上封”措施与类似的其他工程措施以及开发新措施、新工艺，关键是结构整体受力与共同变形的力学要求。软土地基上路基密实离散体变形不可准确预测及控制，虽然路基整体稳定但是局部可变形，那么这种路基设计的常规力学计算就会出现偏差，应该引起重视。

建议在软土路基设计与施工以及管理工作中做好以下三项工作：

a. 根据荷载等级不同，因地制宜开发符合力学要求的路基下隔有效措施，确保路基受力与变形状态不受软土地基流变性影响，有利于路基沉降均匀稳定和路面受力合理。

b. 路基做好上封层和排水结构，有利于路基不受水分影响并且黏结密实。

c. 对软基做适度的处理，改善软基的固结和流变特性。

以上两个案例的核心是采用了对应工程措施和复杂问题简单化的理念，将工程结构复杂受力（内力）变形状态转换为工程结构简单受力（内力）变形状态，使得复杂工程结构建造或使用过程中符合结构初始设计受力（内力）变形状态，确保系统的稳定平衡。

③河底隧道抗浮设计。隧道工程经常需要通过淤泥质河床。当埋设深度不足、隧道上方覆土厚度不大时，由于淤泥的流动特性容易产生隧道的上浮现象。如果从单一的隧道思考，系统地解决此类问题涉及淤泥土的流变本构方程、隧道与淤泥土之间的相互作用、隧道间距等影响，分析计算非常复杂。

采用复杂问题简单化的思路，利用系统“协调变形”和“能量合理转换”的理念，可以采取河床管道抗浮设计工程措施，见图 10.7。通过注浆加固和设置抗浮钢筋混凝土板的方式，控制单一隧道的局部变形，确保隧道系统的整体协调变形。同时利用抗拔桩抵抗隧道在淤泥土介质中的浮力。

④地下洞室上方的高层建筑基础处理。另一个复杂问题简单化的案例是地下洞室上方的高层建筑基础处理。在大厦核心筒之下离地表约 43m，离地下 5 层地板面约 25m 深处有防空坑道横穿建筑物。由于高层建筑基础与下部洞室

的相互作用，容易造成上部建筑失稳或下部洞室损坏的情况。为了有效地解决工程问题，可采取如图 10.8 所示措施处理高层建筑基础。

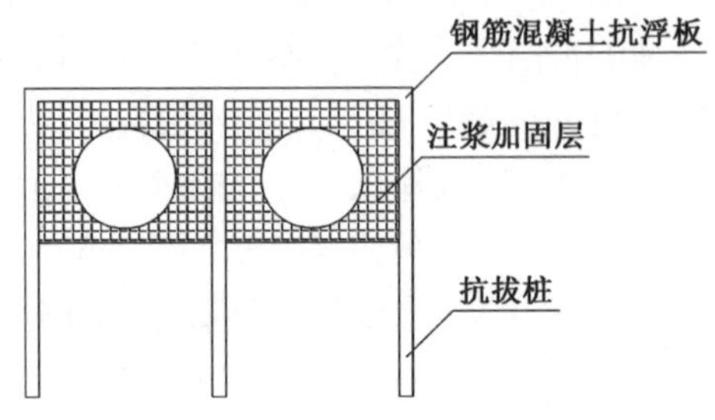


图 10.7　河底管道抗浮设计示意图

在核心筒四周建造筏基，上部结构采用稀疏框架结构，核心筒下部采用短桩和厚片筏基础来支撑高层建筑荷载，核心筒以外基础采用人工桩基础跨越防空坑道顶部岩层。

这样确保了地基的均匀受力，使整个体系变形协调并且符合能量合理转换原理。做到了复杂问题简单化。

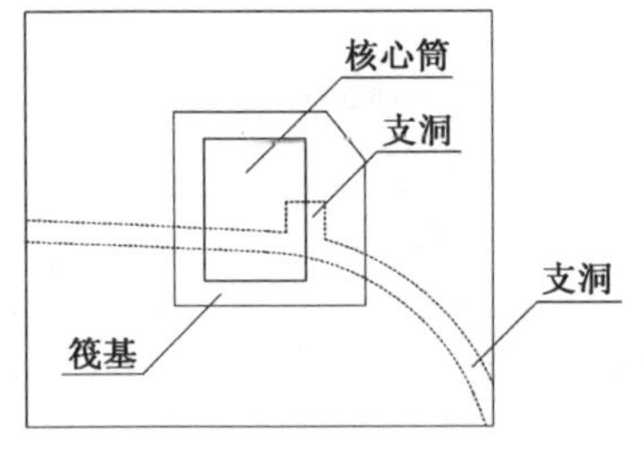


图 10.8　地下洞室上方的高层建筑基础处理示意图

⑤桥梁概念设计。桥梁概念设计阶段，结构分析的目的是要确保方案的成立。因此可以采用简化的解析法（估算）或简单模型的有限元法。主要估算恒载（自重）和活载（汽车、人群）作用，活载可简化为均布荷载；估算时要尽量简化结构的计算模型，将空间问题平面化，复杂结构简单化，同时还要考虑施工过程对结构受力的影响。

结构方案成立后，中期设计阶段要根据实际荷载分布和结构状态，采用有限元法等进行精确细化计算分析。

以上三个案例的核心是在复杂问题简单化分析理念的指导下，引入了工程问题“变形协调”和“能量合理转换”的概念，方便应用传统力学和现代力学相结合方法，可以有效解决复杂工程结构设计施工中的力学问题。

（5）工程设计的总体思路。现代建筑物大多以钢材、钢筋混凝土材料建造，这类材料强度高，连接构造多。目前，主要以静态或动态连续介质力学等为代表的现代设计力学理论进行分析计算。但现代建筑物建造或使用过程中仍时常发生工程安全事故。分析此类“问题工程”，其建造或使用过程中出现不符合结构初始设计的受力(内力)变形状态,是发生安全事故的深层次原因。因此,笔者认为保证建筑物结构的"变形协调"和"能量合理转换",是合理结构设计的重要基础。采用复杂地质条件共同作用的预支护、可靠的连接构造、试验检验等措施,可以起到修正不合理的设计,保障建筑物结构的"变形协调"和"能量合理转换",确保结构建造或使用过程中符合结构初始设计受力(内力)变形状态。

在现代建筑物初步设计阶段,可应用理论力学、材料力学、结构力学等传统力学原理进行设计构思和估算,以便抓住合理结构的矛盾主要方面(图10.9),中期设计阶段可应用静态或动态连续介质力学等高等力学理论进行精确细化计算,完善辅助手段和结构构造设计,实现受力过程的系统分析。这样,才可以对合理结构进行受力(内力)变形动态的预测分析。合理结构内力、变形、能量是三位一体的,虽然检测只获得结构的变形数值,但在结构内力传递或转移、能量转换基本合理的条件下,结构变形才有规律可循,就能利用结构变形预测建筑物的健康状态。因此,采用数学模型预测工程结构规律只有建立在工程结构基本稳定平衡的基础上才能有效预测。保障工程结构的合理性是关键,否则会出现没有意义的预测结果。

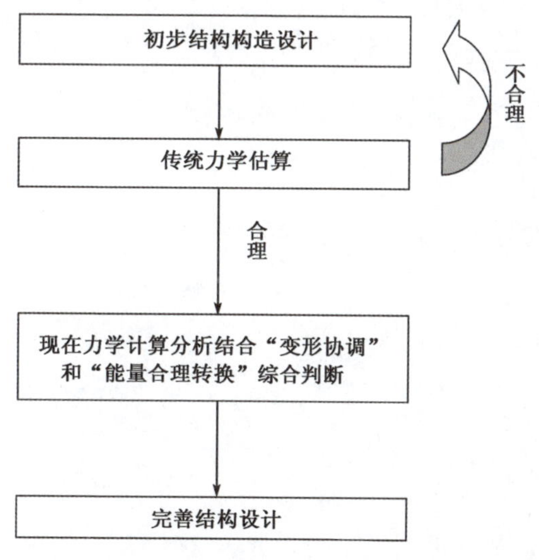


图10.9 工程问题分析过程

总之,现代和未来的工程研究和实践,不能脱离过去工程实践的经验和教训。笔者在以往工作实践的基础上,总结已有的经验教训和传统力学设计方法,引入工程结构"变形协调"和"能量合理转换"理念,提出复杂结构的平衡稳定理论。在初步计算过程中要因地制宜,抓住矛盾的主要方面,具体问题具体分析,把复杂问题简单化;然后在分析计算的基础上,结合工程经验,引入系统"变形协调"和"能量合理转换"的基本要求进行综合判断,进行工程初步设计;中期设计阶段应用静态或动态连续介质力学等高等力学原理进行细化计算分析,完善辅助手段和结构构造设计。这样,实际工程结构设计施工,就应该根据工程结构体系平衡状态稳定性的不同,分别采用平衡、稳定平衡、稳定平衡与变形协调进行分析。一般情况(对应类似"苹果落地点预测"等相对简单成熟工程问题)需要考虑理论计算分析;特殊情况(对应类似"树叶落地点预测"等相对复杂的新型工程问题)不仅需要考虑理论计算分析,更需要考虑合理结构体系、合理工法、合适支护、过程控制等相结合的综合方法,真正达到"稳定平衡与变形协调"。

# 参考文献


[1] Terzaqhi K. Theoretical soil mechanics[M]. New York: John Wiley and Sons Inc., 1943.

[2] 孙钧. 岩土材料流变及其工程应用[M]. 北京:中国建筑工业出版社,1999.

[3] 龚晓南. 对岩土工程数值分析的几点思考[J]. 岩土力学, 2011, 32(2): 321-325.

[4] 孙钧. 孙钧院士八十华诞论文选集[C]. 上海:同济大学出版社,2006.

[5] 刘宝琛. 刘宝琛文集[M]. 长沙:中南大学出版社,2011.

[6] 项海帆. 桥梁概念设计[M]. 北京:人民交通出版社,2011.

[7] 王梦恕. 中国隧道及地下工程修建技术[M]. 北京:人民交通出版社,2010.

[8] 范立础. 桥梁工程(上册)[M]. 北京:人民交通出版社,1990.

[9] 中铁三局科研所. 国内外预应力箱梁桥的发展及悬臂法施工(专辑)[R]. 1995.

[10] 周履. 结构混凝土分析的一种简单、一致的方法[J]. 国外桥梁,2001.

[11] 中华人民共和国行业标准. JTG D62—2004 公路钢筋混凝土及预应力混凝土桥涵设计规范[S]. 北京:人民交通出版社,2004.

[12] 美国各州公路和运输工作者协会. 美国公路桥梁设计规范[S]. 辛济平,等,译. 北京:人民交通出版社,1994.

[13] 吕志涛,等. 浅论我国预应力混凝土梁桥的技术与发展[J]. 桥梁建设,2001,1.

[14] 王锋君. 参考国外设计规范试论我国公路桥梁设计荷载[J]. 公路,2001,5.

[15] 周履,等. 关于PC桥梁的混凝土应力限值的讨论[J]. 国外桥梁,2001,2.

[16] 刘岚. 全体外索预应力混凝土箱形梁桥的设计与模型试验[J]. 国外桥梁,2001,3.

[17] 丁大钧. 钢筋混凝土结构学[M]. 上海: 科学技术出版社,1982.

[18] 袁国干. 配筋混凝土结构设计原理[M]. 上海:同济大学出版社,1988.

[19] E·G·纳维. 钢筋混凝土结构设计原理与计算[M]. 北京:中国建筑工业出版社,1986.

[20] F·莱昂哈特.预应力混凝土[M].程积高,译.北京:中国水利水电出版社,1989.

[21] 吕志涛.混凝土结构的裂缝及其防治[R].学术报告资料,2002.

[22] 许万春.钢筋混凝土梁两种剪力配筋设计方法的比较,交通部重庆公路科学研究所1987所刊[J].交通部重庆公路科学研究所,1988.

[23] 中华人民共和国行业标准. JTG D60—2004 公路桥涵设计通用规范[S].北京:人民交通出版社,2004.

[24] 中国工程院土木水利与建筑学部.混凝土结构耐久性设计与施工指南[Z].北京:中国建筑工业出版社,2004.

[25] 钱永久.腹板上竖向裂缝的钢筋混凝土T梁抗剪强度研究[J].西南交通大学学报,1994,4(29).

[26] 冯柏维. 钢筋混凝土T形梁裂缝成因分析与处理[J]. 广西交通科技,2003,6(28).

[27] 姚杰. 钢筋混凝土空心板早期裂缝成因及防治[J]. 辽宁交通科技, 2003.

[28] 罗旗帜.钢筋混凝土连续箱梁桥翼板横向裂缝问题[J].桥梁建设,1997, 1.

[29] 李随敏.钢筋混凝土梁裂缝的防治[J]. 铁道建筑,2004,4.

[30] 施卫东. 钢筋混凝土混凝土T梁裂缝的分析与对策[J].江苏交通工程,1995,2.

[31] 刘晓夫,等. 关于桥梁设计的几点探讨[J]. 辽宁交通科技,2004,8.

[32] 周建廷. 关于我国现行《公路桥梁建筑设计规范》桥梁裂缝宽度计算及限制模式的可靠度分析[J]. 重庆交通学院学报,1997,1(16).

[33] 方木强.广州黄石路立交桥空心板梁裂缝分析与处理[J].中国市政工程,2000,1.

[34] 何伟兵. 后张法预应力宽幅空心板梁裂缝的分析与防治[J]. 江西交通,2000,2.

[35] 张中. 后张法空心板张拉后端部裂缝的防治[J]. 湖南交通科技,1998,24(3).

[36] 周建民. 混凝土梁裂缝宽度、刚度的统一计算方法及应用[J]. 铁道学报,2000,22.

[37] 许克宾. 混凝土桥梁的裂缝及其对结构性能的影响[J]. 北方交通大学学报, 1989,13(2).

[38] 李少波. 混凝土桥梁梁部结构裂缝综述[J]. 铁道勘测与设计, 1998,1.

[39] 吴恩和. 连续箱梁桥裂缝的初步分析和施工控制[J]. 中南公路工程, 2000,25(4).

[40] 马少杰. 连续组合梁桥负弯矩区混凝土板开裂机理的研究[J]. 桥梁建设,2003,4.

[41] 王厚天. 按《公路桥梁建筑设计规范》计算钢筋混凝土受弯构件裂缝宽度应注意的几个问题[J]. 东北公路,1992,(4).

[42] 中华人民共和国行业推荐性标准. JTG/T B07-01—2006 公路工程混凝土结构防腐技术规范[S]. 北京:人民交通出版社,2006.

[43] 杭州湾大桥工程指挥部. 杭州湾跨海大桥专用施工技术规范[S]. 2004.

[44] 李胜勇,李爽. 结构设计的四项基本原则[J]. 科技资讯, 2006,24.

[45] 张元坤,李胜勇. 刚度理论在结构设计中的作用与体现[J]. 建筑结构, 2003,33(2).

[46] 陈刚毅,陆雅君. 减灾防灾与"给能量留有空间"的对策问题[J]. 中国工程科学,2011,13(3).

[47] 周筑宝. 最小耗能原理及其应用[M]. 北京:科学出版社,2012.

[48] Drew E. Gilstad. Bridge bearings and stabilitys[J]. ASCE,1990,5(5): 1269-1277.

[49] 刘飞,刘世忠,张慧,等. 独柱曲线刚构匝道桥抗倾覆稳定试验研究[J]. 兰州交通大学学报,2012,8(4):26-30.

[50] 杨党旗. 华强立交 A 匝道独柱曲线梁桥病害分析及加固[J]. 桥梁建设, 2003,(2):58-61.

[51] 刘德华,金伟良,刘斌,等. 独柱墩曲线梁桥中的支座分析[J]. 南京理工大学学报(自然科学版),2006,2(1):113-116.

[52] 李雪辉,王蕴华. 独柱支承连续箱梁弯桥倾覆事故的成因分析与加固设计[J]. 公路交通科技,2012,(2):3-5.

[53] 翁沙羚,辛红升,陈敏. 独柱墩连续箱梁桥横向失稳机理分析与探讨[J]. 公路交通科技,2012(6):64-67.

[54] 刘洪,杨昌民. 连续箱梁独柱支墩曲线桥的病害分析[J]. 公路与汽运, 2010,9(5):166-168.

[55] 李盼到,马利君. 独柱支撑匝道桥抗倾覆验算汽车荷载研究[J]. 桥梁建设,2012. 42(3):14-18.

[56] 高伟,许克宾,刘俊伏. 平板橡胶支座上梁体横向倾覆稳定性的计算特点[J]. 铁道工程学报,2000,12(4): 47-49.

[57] 袁摄桢,戴公连,吴建武. 单柱宽幅连续梁桥横向倾覆稳定性探讨[J]. 中外建筑,2008(7):154-157.

[58] 朱汉华,周智辉. 土木工程结构受力安全问题的思考[M]. 北京:人民交通出版社,2012.

[59] 朱汉华,赵宇,孙红月. 地下工程平衡稳定理论与应用[M]. 北京:人民交通出版社,2012.

[60] 杨建红. 中小跨径桥梁设计问题思考[J]. 山西交通科技,2007,1 :36-39.

[61] 朱汉华,赵宇,尚岳全. 地下工程平衡稳定理论[J]. 地下空间与工程学报,2011,7 :317-321.

[62] 赵丽颖,兰敬军. 桥梁吊杆疲劳问题及分析方法研究综述[J]. 今日科苑,2009,3:119-120.

[63] 杨晓滨,侯斌. 吊杆拱桥安全设计探讨[J]. 公路,2012,8(8):114-118.

[64] 薛雄. 拱桥吊杆的动力特性及疲劳、腐蚀问题研究[D]. 东南大学,2009.

[65] 林存刚,吴世明,张忠苗,等. 泥水盾构隧道施工引起地面沉降分析及预测[J]. 土木建筑与环境工程学报,2012,34(5): 25-32.

[66] 林存刚,张忠苗,吴世明,等. 泥水盾构掘进参数对地面沉降的影响实例研究[J]. 土木工程学报,2012,45(4):116-126.

[67] 林存刚,张忠苗,吴世明. 软土地层盾构隧道施工引起的地面隆陷研究[J]. 岩石力学与工程学报,2011,30(12):2583-2592.

[68] 李宗梁,黄锡刚. 泥水盾构穿越堤坝沉降控制研究[J]. 现代隧道技术,2011,48(1):103-110.

[69] 林存刚,张忠苗,吴世明. 基于极限拉应变法的盾构掘进注浆隆起对上覆结构的影响[J]. 浙江大学学报(工学版),2012,46(12):2215-2223.

[70] 吴世明,林存刚,张忠苗,等. 泥水盾构下穿堤防的风险分析及控制研究[J]. 岩石力学与工程学报,2011,30(5):1034-1042.

[71] 张迪. 水底大型泥水盾构盾尾密封失效的应对技术[J]. 铁道建筑技术,2011(5):1-6.

[72] 焦齐柱,张迪,孙文昊,等. 钱江隧道工程施工图. 中铁第四勘察设计院集团有限公司,2009,12.

[73] 焦齐柱,张迪,孙文昊,等. 杭州庆春路过江隧道工程施工图. 中铁第四勘

察设计院集团有限公司,2010,6.

[74] 王忠权,吴雅峰,等.钱江通道(隧道)接线工程防洪评价报告.钱塘江管理局勘测设计院.2006,7.

[75] 地盘工学会.盾构法的调查、设计、施工[M].牛清山,陈风英,徐华译,译.北京:中国建筑工业出版社,2008.

[76] 彭立敏,安永林,施成华.近接建筑物条件下隧道施工安全与风向管理的理论与实践[M].北京:科学出版社,2010.